本书由上海科普图书创作出版专项资助

说 舫

陈月华 游嘉 编著

U0347837

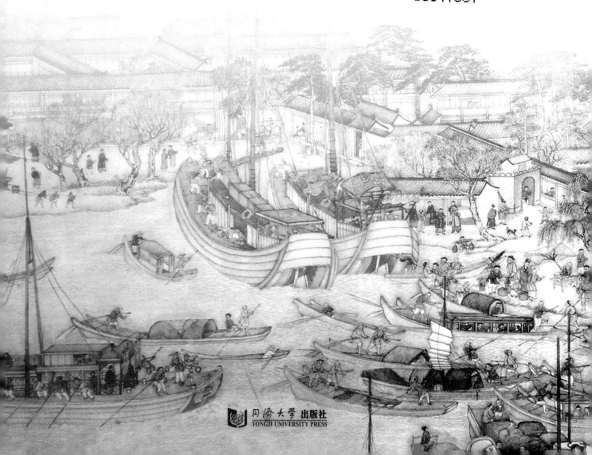

同济大学 出版社
TONGJI UNIVERSITY PRESS

前　言

说舫，说什么呢？

舫，舟也。双船也。

舫的历史、文化及流变。

园林中的舫是建筑？

她集台、轩、榭、楼于一体，

是中国园林中最有蕴味的景观建筑。

洛阳名园记——记，

扬州画舫录——录，

日下旧闻考——考。

在自然山水与人文建筑的融合之中，

不系舟——画舫，静伫凝思，

诉说着中国古典园林的历史与辉煌。

前　言

1　0　绪　论

2　0.1　关于文化

2　0.1.1　文化的内涵

5　0.1.2　文化的分类

8　0.1.3　文化的属性

9　0.1.4　舟舫的文化

11　0.2　关于建筑

12　0.2.1　建筑的类型

14　0.2.2　建筑的构成

20　0.2.3　园林建筑

40　0.3　舫式建筑

40　0.3.1　艺术的符号

42　0.3.2　不系舟的原型

46　0.3.3　不系舟的结构

目　录

49　1　舫文化的源流

50　1.1　舟舫的由来

50　1.1.1　释舟船舫

54　1.1.2　船舫之用

58　1.1.3　舟舫之制

60　1.2　舫的类型

61　1.2.1　先秦——独木舟、船

64　1.2.2　秦汉——楼船、画舫

66　1.2.3　隋唐——龙舟、沙船

67　1.2.4　两宋——车船、漕船

69　1.2.5　明清——郑和宝船、福船

77 　2　舫的美学属性

78 　2.1　源于生活的艺术原型

79 　2.1.1　舫与生活

84 　2.1.2　舫与战争

86 　2.1.3　舫与生命

90 　2.2　愉悦身心的艺术活动

91 　2.2.1　祈求平安的"祭游"

95 　2.2.2　再现生活的"仿游"

101 　2.2.3　心旷神怡的"乐游"

113 　3.2　写实的不系舟

103 　3　舫与中国园林

114 　3.2.1　南京煦园——不系舟

104 　3.1　苏州园林

116 　3.2.2　苏州拙政园——香洲

111 　3.1.1　园林中的不系舟

120 　3.2.3　上海南翔古猗园——不系舟

112 　3.1.2　不系舟的流行

124 　3.2.4　苏州怡园——画舫斋

128 　3.2.5　扬州西园曲水——翔凫

130 　3.2.6　吴江退思园——闹红一舸

131 　3.2.7　上海南翔檀园——步蘅舸

136 　3.2.8　北京颐和园——清晏舫

139 　3.2.9　苏州狮子林——石舫

140 　3.2.10　广州番禺宝墨园——紫洞舫

143 　3.3　写意的不系舟

144 　3.3.1　嘉定秋霞圃——舟而不游轩

148 　3.3.2　常州近园——虚舟

158 　3.3.3　常州意园——船厅

161   3.3.4   苏州畅园——滁我尘襟

162   3.3.5   苏州环秀山庄——补秋舫

164   3.3.6   上海豫园——亦舫

167   3.3.7   扬州寄啸山庄——船厅

171   3.3.8   台湾板桥林家花园——月波水榭

174   3.3.9   昆明莲花池——问渔舫

176   3.3.10   新都桂湖——杭秋

178   3.4   不系舟集锦

179   3.4.1   上海和平公园——玉石舫

183   3.4.2   眉山三苏祠——不系舟

185   3.4.3   大理张家花园——点苍雪霁舫

188   3.4.4   惠州西湖公园——不系舟

190   3.4.5   桂林虞山公园——不系舟

192   3.4.6   成都邛崃文君井——船舫

195   3.4.7   苏州惠荫园——渔舫

196   3.4.8   四川绵阳西山公园——船舫

198   3.4.9   上海九果园——红萝画舫

201   4   海外园林中的舫

202   4.1   德国慕尼黑市芳华园——定舫

205   4.2   澳大利亚悉尼市谊园——瑞舫

209   4.3   日本大阪市同乐园——不系舟

213   4.4   荷兰格罗宁根市谊园——玲珑舫

215   4.5   德国柏林市得月园——不系舟

219   参考文献

222   后 记

0 绪 论

　　舟舫的形成与演化本身就是一部涉及经济、政治与文化艺术的历史。以它为研究对象，溯源探流，扩展开来，研究下去是很有趣味的一件事。

　　舫与舟、筏、船同义，是指水上航行的工具。在古代，舟、船、舫三字通用，发展到后来，舫则多用来泛指水上具有游乐性质的画船、楼船之类。至于园林中的不系舟——"旱船"，则多以舫命名。

0.1 关于文化

0.1.1 文化的内涵

文化是一种十分复杂的社会现象，关于其定义和内涵有很多种表述，这反映了人们观察文化的角度和对文化内涵的理解的不同。"人文"一词最早出现在《易经》中。"刚柔交错，天文也；文明以止，人文也。观乎天文以察时变，观乎人文以化成天下。"这是中国人对"文化"一词的最高度概括和约略。英国文化人类学家爱德华·泰勒在他的《原始文化》一书中说："文化是一种复杂体，它包括知识、信仰、艺术、道德、法律、风俗以及其余社会上习得的能力与习惯。"[1] 后来美国一些社会学家和文化人类学家，如奥格本，亨根斯以及维莱等人，又补充了"实物"一项内容，把上述定义修正为"文化是一种复杂体，它包括实物、知识、信仰、艺术、道德、法律、风俗以及其余社会上习得的能力与习惯"。[2]

---

[1] Tylor，E. Primitive Culture[M]. London: John Murray, 1871：1.

[2] 林纪诚. 语言与文化综论 [M]. 转引自：顾嘉祖，等. 语言与文化 [M]. 上海外语教育出版社，1990.

中国著名社会学家、人类学家、民族学家费孝通先生在《文化与文化自觉》一书中则对文化的内涵作了高度的概括，他指出："一切文化只是人类生活的办法，社会制度是文化的一部分。所以离开了生活，文化和社会制度是无从说起的。因为人要求生，所以他得处处和环境周旋。文化只是适应他的处境的办法罢了。处境不同，处境有改变，文化跟着也要有改变，人们的处境实可以分为相成相克的两个方面。相成的就是供给生活的资源，相克的就是和自己竞争获得此种资源的一切势力。人类的生活亦是常以如何开发资源，如何争胜敌人两种活动为经纬的。"[1][2]

中国社会科学院语言研究所编写的《现代汉语词典》用三个义项解释"文化"，其中第一个义项基本采纳了苏联哲学家罗森塔尔·尤金编撰的《哲学小辞典》的定义，指出文化是：①人类在社会历史发展过程中所创造的物质财富和精神财富的总和，特指精神财富，如文学、艺术、教育、科学等。另外两个义项是：②考古学用语，指同一个历史时期的不依分布地点为转移的遗迹、遗物的综合体。同样的工具、用具，同样的制造技术等，是同一种文化的特征，如仰韶文化、龙山文化。③指运用文字的能力及一般知识，如学习文化、文化水平。

---

[1] 费孝通，1910 年 11 月 2 日生于江苏吴江。我国著名的社会学家、人类学家、民族学家和社会活动家。其所著的《江村经济》（英文版，1939）被认为是我国社会人类学实地调查研究的一个里程碑。1980 年 3 月，国际应用人类学会授予他该年度马林诺夫斯基名誉奖；1981 年 11 月，英国皇家人类学会向他颁发了该年度赫胥黎奖章。

[2] 费孝通 . 文化与文化自觉 [M]. 北京：群言出版社，2010.

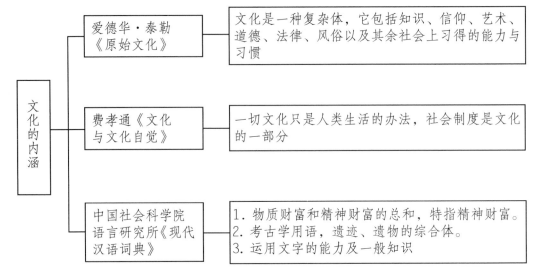

文化的内涵

明 沈周 山水图 美国纳而逊艺术陈列馆藏 册页（三）
（国立故宫博物院编辑委员会．海外遗珍 绘画三 [M]．台北：1990.50）

0.1.2 文化的分类

关于文化，分类的角度和方法有很多种，我们介绍三种。

费孝通先生把文化分为物质文化和精神文化两类。"举凡器物，房屋，船只、工具以及武器，都是文化中最易明白、最易捉摸的一面。他们决定了工作的效率。""物质文化需要一相配部分，这部分是比较复杂，比较难于类别或分析，但是，很明显地是不能缺少的。这部分是包括着种种知识，包括着道德上、精神上及经济上的价值体系，包括着社会组织的方式，及最后，并非最次要的，包括着语言，这些我们可以总称作精神方面的文化。"[1]

黎天睦教授把文化分为英文大写字母 C 文化和小写字母 c 文化两类。"从文化人类学的文化观点看，'文化'有两个意思：一个是大写字母 C 文化，即正式文化，包括文学、历史、哲学、政治等，另一个是小写字母 c 文化，即普通的社会习惯。"[2]

程裕祯教授把文化分为观念文化、制度文化和器物文化三个层次。"一般说来，人们把文化分为三个层次：即观念文化、制度文化和器物文化。所谓观念文化，主要指一个民族的心理结构、思维方式和价值体系，它既不同于哲学，也不同于意识形态，是介于两者之间而未上升为哲学理论的东西，是一种深层次的文化。

[1] 费孝通. 文化与文化自觉 [M]. 北京：群言出版社，2010.
[2] 黎天睦 (Timothy Light). 现代外语教学法——理论与实践 [M]. 北京：北京语言学院出版社，1987.

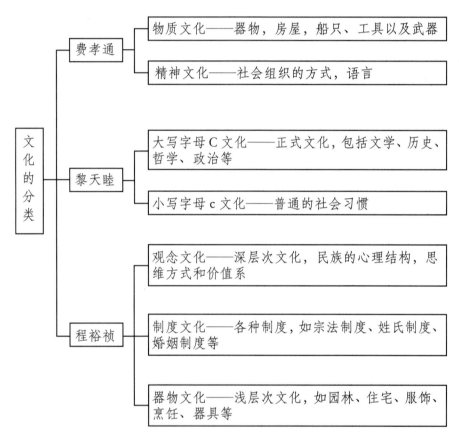

文化的分类

所谓制度文化，是指在哲学理论和意识形态的影响下，在历史发展过程中形成的各种制度，如宗法制度、姓氏制度、婚姻制度、教育制度、科举制度、官制、兵制，等等。所谓器物文化，是指体现一定生活方式的那些具体存在，如园林、住宅、服饰、烹饪、器具，等等。它们是人的创造，也为人服务，看的见、摸得着，是一种表层次的文化。[1]

此外，人们通常还把风俗习惯叫做"习俗文化"，把历史上形成，至今仍然保留的文化叫做"传统文化"。在日常生活中，也常常听到"酒文化""茶文化""服饰文化""建筑文化"，等等。总之，"文化"一词涵盖了人们日常生活中的方方面面。

南宋 刘松年
溪山雪意图 美国大都会美术馆藏
（引自：海外中国名画精选丛书 II 南宋·金[M].上海：上海文艺出版社，1999.41）

[1] 程裕祯.中国文化揽萃[M].北京：学苑出版社，1989.

0.1.3 文化的属性

无论是广义的"文化"，还是狭义的"文化"，都具有以下三个方面的属性。

1）社会性。文化是一种社会现象，它是社会群体的共同意识和共同规范，而不是个体的文化心理、文化行为。[1]

2）多样性。人类文化有许多相同或相似之处，这是各国及各民族能够互相理解和交往的基础。但是，文化也有时代性、地域性和民族性，不同的时代，不同的地域，不同的民族，其文化的内涵和表现形式是不同的，或者说是有变化的。

3）系统性。文化总是表现为一个个具体的现象，但它不是独立的，而是随着社会的发展而变化的。社会生产力和生产关系的变化，必然引起上层建筑包括政治、经济及文化的变化，正是这种变化的积累，从而形成了特有的文化体系。所以，文化是"人类在社会发展过程中所创建的物质财富和精神财富的总和"。

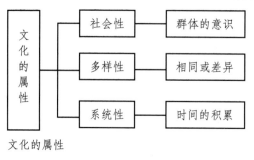

文化的属性

---

[1] 林纪诚. 语言与文化综论, 转引自: 顾嘉祖, 等. 语言与文化 [M]. 上海: 上海外语教育出版社, 1990.

0.1.4　舟舫的文化

　　结合文化的内涵，分类和属性，对船舫文化也就比较容易理解了。船舫是水上的交通工具，人们日常生活中与它关系密切，作为一种看得见、摸得着、用得多的器物，人们最易明白其中的文化内涵。

　　语言文字不仅是文化的一部分，同时还是文化的载体和发展的基础，所以，语言文字也反映了各个民族的文化。据说，汉语中被称为"骆驼"的动物，在阿拉伯语中就有 400 多种名称。这是因为：骆驼是他们重要的交通工具——沙漠之舟，所以，他们对骆驼这种动物非常重视，在语言的分类上就很详细。在汉语中，舟就是"水上的骆驼"，所以，"舟"旁分类的汉字至少有 70 多个，这说明中国人以舟船作为水上的交通工具，使用得很广泛，分类很细。

明　仇英　浔阳送别（局部）　美国纳而逊－艾金斯美术馆藏
（引自：海外中国名画精选丛书　Ⅳ 明代 [M]. 120）

当然，不同的语言，其对应词词义范围的大小也有所不同。在英语中，表示水上交通工具的词汇不多，并不能说他们对船这种水上交通工具不重视，而是语言表述上的差异，就好比用"uncle[1]"和"aunt[2]"就表达了汉语中父亲、母亲的所有同辈的男女、大小亲戚。这就是文化的差异。

海上船舶交通图
（引自：朗文英汉双解活用辞典[M]. 培生教育出版亚洲有限公司，编译. 2版，上海：上海外语教育出版社，2007，848）

---

[1] uncle：英文指伯父，叔父，舅父，姑父，姨父。
[2] aunt：英文指姑母，姨母，伯母，舅母等。

0.2 关于建筑

关于建筑,《辞海》是这样定义的:"利用各种材料建造道路、桥梁、房屋、塔堡之属,均为建筑所成之物,称建筑物。"这里的"建筑"为动词,是指建造活动,中国古代又称"营造"、营建(见《辞源》)。"建筑"还可以作为名词,指房屋或场地。"建筑物,通称'建筑'。一般指主要供人们进行生产、生活或其他活动的房屋或场地。"

《简明大不列颠百科全书》将建筑(物)与其他构筑物作了区别比较,认为建筑(物)应具备三个条件:"第一,符合人们的一般使用要求并适应人们的特殊活动要求;第二,构造坚固耐久;第三,通过形式传达经验感受和思想情操。"在这三个条件中,第一、第二项是基本要求,而第三项则突出强调了建筑对主观个体的心理感受,"建筑是凝固的音乐"、"建筑是凝固的历史"反映的就是这种文化和审美的意趣。

0.2.1　建筑的类型

　　中国地大物博，山川河流众多，自古以来人们就临水而居，与水结下了不解之缘。"仁者乐山，智者乐水"，"石令人古，水令人远"（《园冶》）。山水诗、山水画、山水园，应运而生，历久不衰。而"舫"——船，不仅是中国人日常生活中必不可少的生产、生活的工具，甚至可以说还是一种特殊的居住或停留的建筑。巢居、穴居、船居……从古自今，演变流传。巢居——楼屋，穴居——窑洞，船居——船屋，居住建筑的发展就是这样。

明　朱端　山水图局部
（引自：海外中国名画精选丛书　IV　明代 [M]. 上海：上海文艺出版社，1999.111）

居住建筑

巢居——楼屋
（湿热之地的吊脚楼）

穴居——窑洞
（干冷之地的山体窑洞、
半地下的地窝子）

窝棚——宫室
（比较正式的居住建筑）

水上居——船屋
（水体之地的"船屋"）

营房——帐篷
（临时的居住建筑）

居住建筑的分类

0.2.2　建筑的构成

中国古代建筑以木构为主，一般由台基、屋身和屋顶三个部分组成。其中屋顶部分最能表现中国建筑的特色。园林中常见的屋顶形式有：庑殿、歇山、悬山、攒[1]尖等。

中国古代建筑一般体量不大，造型上具有灵活多变、轻盈空透、适应性强等特点。在整体布局上，是以空间的平面铺开，相互连接和配合的群体建筑为特征，空间的意识转化为时间的进程而逐次展现。

在园林中，常随地势之高低、景观之需要，因地制宜地布置亭台楼阁等建筑，并以廊、桥、路相连，门、窗、墙分隔渗透，从而形成了园中园、院中院、景中景、湖中湖的景观体系，这是中国园林的一大特色。

---

[1] 攒（cuán）：聚在一起。

苏州虎丘拥翠山庄

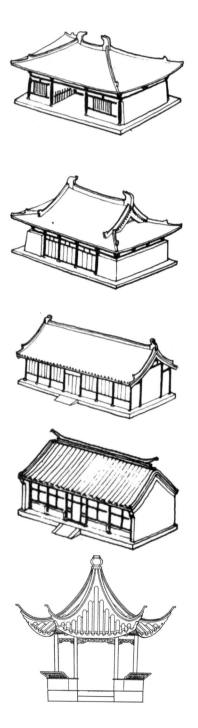

庑殿（宋称四阿顶）

庑殿顶又叫四阿顶，是"四出水"的五脊四坡式，又叫五脊殿。这种殿顶构成的殿宇平面呈矩形，面宽大于进深，前后两坡相交处是正脊，左右两坡有四条垂脊，分别交于正脊的一端。

歇山（宋称九脊殿）

歇山的等级仅次于庑殿。歇山顶亦叫九脊殿。除正脊、垂脊外，还有四条戗脊。正脊的前后两坡是整坡，左右两坡是半坡。它有单檐和重檐的形式。

悬山（两坡顶的一种）

屋面悬出于山墙之外。

硬山（两坡顶的一种）

屋面不悬出于山墙之外。山墙大多用砖石承重墙并高出屋面，墙头有名种形式。

攒尖（宋称斗尖）

多用于面积不大的建筑屋顶，如塔、亭、阁等。特点是屋面较陡，无正脊，数条垂脊交合于顶部，上再覆以宝顶。

建筑的屋顶

常见的园林建筑的屋顶样式（一）

盔顶	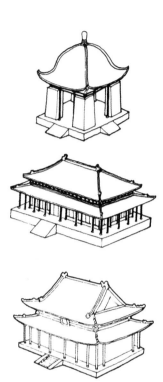
盔顶没有正脊，各垂脊交会于屋顶正中，即宝顶。盔顶的斜坡和垂脊上半部向外凸，下半部向内凹，断面如弓，呈头盔状。	

重檐庑殿顶	
是清代所有殿顶中的最高等级。是在庑殿顶之下，又有短檐，四角各有一条短垂脊，共九脊。一般用于皇宫、庙宇中最主要的大殿，特别隆重的用重檐。	

重檐歇山顶	
重檐歇山顶的第二檐与庑殿顶的第二檐基本相同。整座建筑造型富丽堂皇。宫殿建筑中重要大殿多采用重檐歇山顶。	

建筑的屋顶

重檐攒尖顶	
攒尖顶为中国古建筑屋顶式样之一，类似锥形。有四角攒尖、六角攒尖、八角攒尖、圆攒尖数种，又有单檐与重檐之分，重檐攒尖顶较单檐攒尖顶更为尊贵。	

重檐盔顶	
重檐盔顶较单檐盔顶更为尊贵。	

常见的园林建筑的屋顶样式（二）

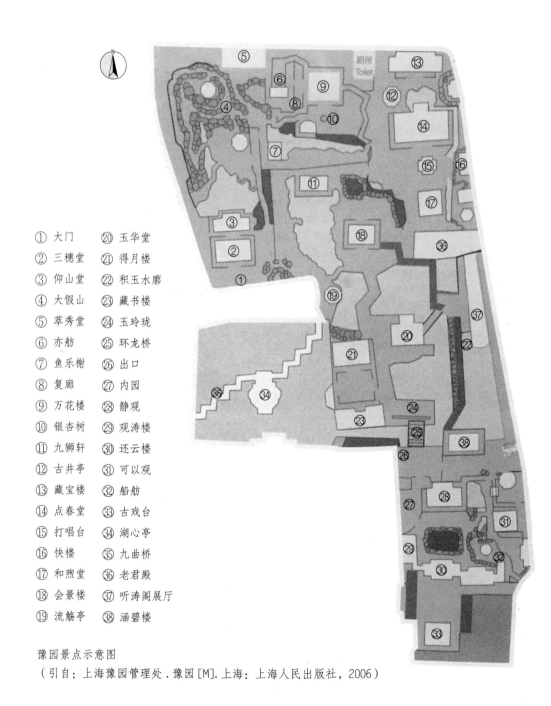

① 大门	⑳ 玉华堂
② 三穗堂	㉑ 得月楼
③ 仰山堂	㉒ 积玉水廊
④ 大假山	㉓ 藏书楼
⑤ 萃秀堂	㉔ 玉玲珑
⑥ 亦舫	㉕ 环龙桥
⑦ 鱼乐榭	㉖ 出口
⑧ 复廊	㉗ 内园
⑨ 万花楼	㉘ 静观
⑩ 银杏树	㉙ 观涛楼
⑪ 九狮轩	㉚ 还云楼
⑫ 古井亭	㉛ 可以观
⑬ 藏宝楼	㉜ 船舫
⑭ 点春堂	㉝ 古戏台
⑮ 打唱台	㉞ 湖心亭
⑯ 快楼	㉟ 九曲桥
⑰ 和煦堂	㊱ 老君殿
⑱ 会景楼	㊲ 听涛阁展厅
⑲ 流觞亭	㊳ 涵碧楼

豫园景点示意图

（引自：上海豫园管理处．豫园[M]．上海：上海人民出版社，2006）

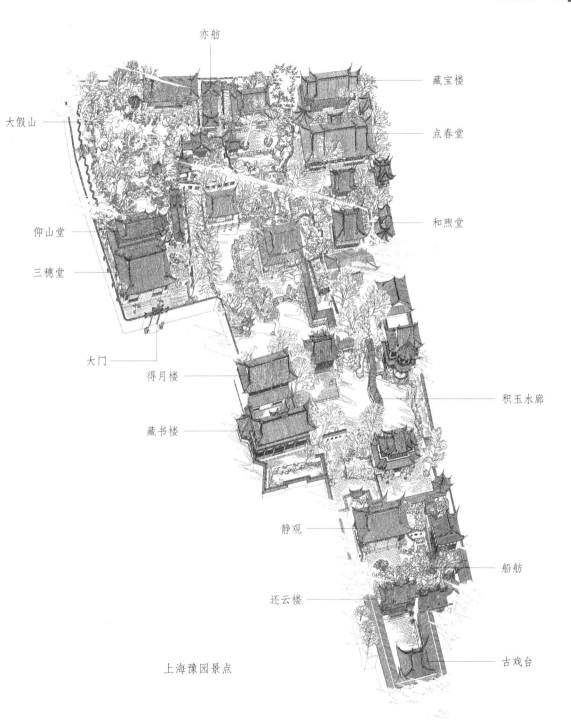

亦舫

藏宝楼

点春堂

大假山

和煦堂

仰山堂

三穗堂

大门

得月楼

积玉水廊

藏书楼

静观

船舫

还云楼

古戏台

上海豫园景点

0.2.3　园林建筑

建筑是园林中不可缺少的构成要素。以建筑构景，是中国园林艺术重要的技法之一。建筑还是人的精神的象征，是人工美的代表。景有情则显，情之源在于人。园林中的建筑更是集功能与审美于一体。居、行、游、赏都离不开建筑。园林家陈从周先生亦说：

> 我国古代造园，大都以建筑物为开路。私家园林必先造花厅，然后布置树石，往往边筑边拆，边拆边改，翻工多次，而后妥贴。沈元禄记猗园谓："莫一园之体势者，莫如堂；据一园之形胜者，莫如山。"盖园以建筑为主，树石为辅，树石为建筑之联缀物也。[1]

此外，园林中的建筑还是体现园林文化基调、美学品格的重要因素。一般而言，大凡成熟的皇家园林，处于重要地理位置的宫殿建筑是不可缺少的，否则，这皇家园林的皇家气魄便难以显示；比较大型的私家园林也不会没有厅堂这种主题建筑，厅堂的设置是私家园林艺术的重要一笔，它不仅使园林在优雅的、宁静的氛围之中透露出庄重而大气的情调，而且带有中国园林本自从家居文化发展而来的那种温馨而宁和的家庭气氛。

园林中的诸多建筑往往是一些建筑小品，如亭、榭、廊等，除了其自身独立的审美功能，还有点缀园景的作用，然而以所处

---

[1] 陈从周．说园 [M]．上海：同济大学出版社，1985.

位置的重要与否，其造型的大小、隐显之区别而在园林中扮演不同角色。比如，亭常为点缀之用，而苏州沧浪亭中的沧浪亭却是整座园林的"主调"。凡此说明，在造园技法上，一个重要的美学原则是，建筑的品类、平面布局与其余园林景观的因借关系，往往可以决定这座园林的文化基调。

河北承德普乐寺旭光阁

中国园林中常见的建筑样式有：宫（殿）、厅（堂）、楼（阁）、轩、榭、亭、廊、台、舫等。这些建筑不仅为人们提供休憩及活动的空间，更重要的是起点景和造景的作用。

在古典园林中常见的单体建筑有以下形式：

宫，宫是房屋的通称。《易·系辞》曰："上古穴居而野处，后世圣人易之以宫室。"古时不论贵贱，住房都可称宫。秦汉以后，宫专指帝王所居的房屋，也有称宗庙、佛寺、道观为宫的。

殿，《汉书·黄霸传》颜师古注："古者屋之高严，通呼为殿，不必宫中也。"后来专称帝王所居及朝会之所或供奉神佛之处为殿。

在宫苑或寺园的总体布局中，宫、殿多在中轴线上，如圆明园"正大光明殿"、"九洲清宴殿"以及佛寺中的"大雄宝殿"等。

宫、殿建筑具有高大庄严、富丽堂皇之风貌。宫、殿建筑一般是皇家园林景观中的主体建筑，而不见于私家园林。

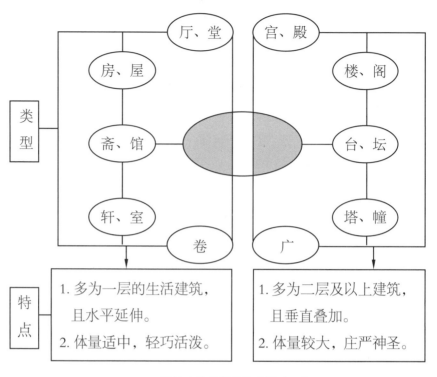

园林建筑及部件类型图（一）

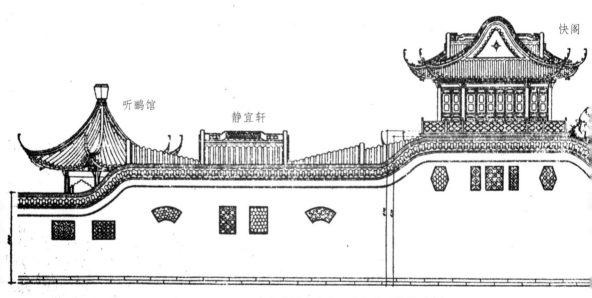

上海豫园点春堂沿安仁街围墙景观[1]

---

[1] 陈从周编辑、拍摄的《豫园图录参考资料》，署名：同济大学建筑系
建筑历史教研室，时间：1960年前后，1964年6月付梓印刷。

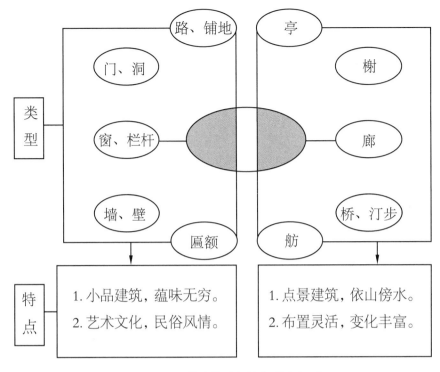

类型

门、洞
路、铺地
窗、栏杆
墙、壁
匾额

亭
榭
廊
舫
桥、汀步

特点

1. 小品建筑，蕴味无穷。
2. 艺术文化，民俗风情。

1. 点景建筑，依山傍水。
2. 布置灵活，变化丰富。

园林建筑及部件类型图（二）

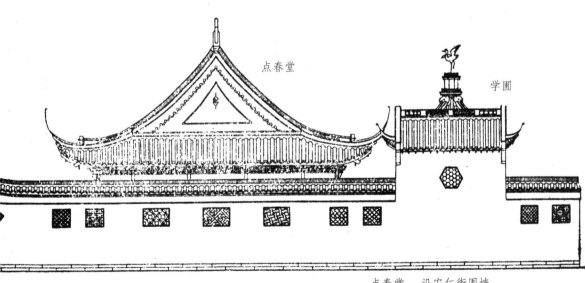

点春堂

学圃

点春堂　沿安仁街围墙

纱帽厅立面

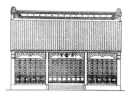

玉兰堂正立面图

倒影楼正立面图

留听阁正立面图

厅堂[1]，《释名·释宫》云："厅，所以听事也。"是指一种处理事务的建筑。"堂者，当也。谓当正向阳之屋，以取堂堂高显之义。"[1] 向阳、高显为堂之主要特征。厅、堂在功能和形式上相仿，故后世常将厅堂二字连用。厅堂亦是园林中建筑物的主体。

在皇家园林中，堂专供皇帝寝居，如颐和园昆明湖畔的玉澜堂和乐寿堂，分别是光绪和慈禧的居处之所，由东西暖阁或套间合成四合院的样式，建筑庄重，陈设华丽。

在私家园林中，厅堂是园主家人团聚、宴请宾客、处理事务的场所，文人结庐也常以堂名之，如杜甫、白居易等人修筑的草堂。江南园林中厅堂的形式主要有："荷花厅"、"鸳鸯厅"和"四面厅"等三种。

楼阁，是登高眺望的建筑形式，其渊源当可追索到上古时的"构木为巢"。《说文》云："楼，重屋也。"《尔雅》云："狭而修曲，曰楼。"

"阁"是由干栏建筑演变而来的。"阁者，四阿[2] 开四牖。"汉有"麒麟阁"，唐有"凌烟阁"等。由于楼与阁在形制上难以区分，

---

[1] 堂：建造于高台基上的正房、大厅。古代房子建筑在高出地面的台基上，前面为堂，通常作聚会、行吉凶大礼的地方，并不住人，堂后面为室，才住人。堂与室以墙作隔。

[2] 四阿（ē）：指屋宇四边的檐溜，可使水从四面流下，通称"四坡顶"、"四流水顶"。

因此，人们有时也常将"楼阁"二字连用。

在园林中最为著称的有岳阳的岳阳楼、武昌的黄鹤楼和南昌的滕王阁。岳阳楼以三层三檐的高大结构雄踞长江和三湘四水之上，北宋文学家、政治家范仲淹根据郡守滕子京提供的《洞庭晚秋》图作《岳阳楼记》，不仅留下了"先天下之忧而忧，后天下之乐而乐"的千古名句，而且还使岳阳楼扬名中外古今。

楼阁建筑以高耸华美为目标，以登高眺览为目的。"欲穷千里目，更上一层楼"，楼阁的作用就在这里。

台，台最早用于祭祀，这种习俗一直延续到清代。北京的天坛、地坛、日坛、月坛等，就是这种祭祀的台。《释名》云："台者，持也。言筑土坚高，能自胜持也。"《尔雅·释宫》云："四方而高曰台。"园林中的台，"或掇石而高上平者；或木架高而版平无屋者；或楼阁前出一步而敞者"。[1]台的周边常设精美的栏杆，起围护和装饰的作用。台与自然接触最多，空间开敞，视野宽阔，可供眺望、坐息、纳凉、赏月等。

榭，台上起屋为榭，《释名》云："榭者，藉也。藉景而成者也。或水边，或花畔，制亦随态。"在园林中，榭多临水设置，如苏州拙政园的芙蓉榭、怡园的藕香榭等。

---

[1] 计成.园冶注释[M].陈植，注释，杨超伯、陈从周，校阅.北京：中国建筑工业出版社，1981.

绿漪亭正立面图

亭，是园林中最常见的建筑。《释名·释宫》云："亭者，人所停集也，传转也。人所止息而去，后人复来，转转相传，无常主也。"亭原是一种供旅人途中遮荫避雨，稍事停憩的简易建筑，它较早地用于园林。

在园林中，亭主要用于点景、休息、赏景，有三角、四方、多边形、扇面、圆形，半亭、单亭、双亭、组亭等多种形式。

亭多建于山间、水畔、路边，井泉、石碑之处。所以有山亭、水亭、路亭、井亭、碑亭之称。

古时候人们常将园林称作"园亭"、"池亭"、"林亭"、"亭馆"等；还有以"亭"来名园的，如绍兴兰亭、苏州沧浪亭、北京陶然亭等。可见，亭在园林中地位之重要。

小盘谷 I-I 剖面图
（引自：陈从周．扬州园林（汉日对照）[M]．路秉杰，（日）村上泰昭，沈丽华，译．上海：同济大学出版社，2007，134）

园亭中最为著名的是"流觞亭"，其作法已形成了一定的模式。宋李诚所著《营造法式》一书中，就有流杯渠图。另外，北京恭王府中还有一座流觞亭，亭中地面刻有流杯渠图案。

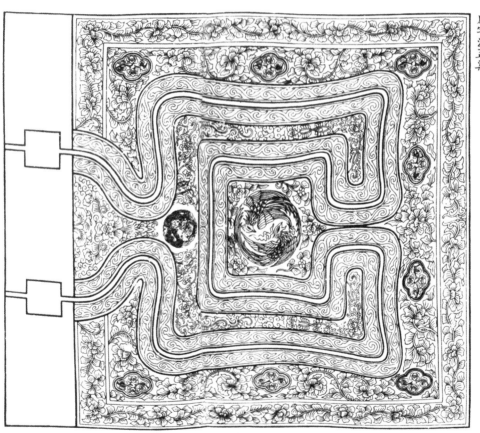

风字流玉渠

宋　李诚　流杯渠图

　　《环翠堂园景图》是我国明代万历年间徽派版画的代表作之一，其中就有一幅《坐隐园的曲水流觞图》。原图一卷，明李登题签，钱贡绘图，黄应组刻，明万历间新安汪氏环翠堂刊。这幅版画原以长卷形式刻印，图高 24 厘米，长 1486 厘米。此图未见于前人记载。人民美术出版社 2014 版系据我国版画收藏家傅惜华所藏注氏环翠堂原刻初印本影印。

坐隐园的曲水流觞 明 李登题签，钱贡绘图，黄应组刻

塔，又称浮图，窣堵坡。原是为藏置佛的舍利和遗物
而建造的，是由台座、覆钵、宝匣和相轮四个部分所构成
的实心建筑。塔的形式传入中国后，与中国传统的木构建
筑相结合而形成了中国特有的楼阁式塔或密檐式塔等多种
型式。

《洛阳伽蓝记》中所记的永宁寺塔"架木为之，举高
九十丈，有刹复高十丈，合去地一千尺"正是这种楼阁式
塔。中国塔虽然仍藏舍利，供佛像，但窣堵坡缩小了，被
置于攒尖的塔顶，名之为"刹"。"刹"既含有宗教的意义，
又表现出强烈的装饰性。

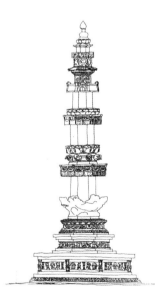

泉州开元寺仁寿塔

塔常是园林景观与借景的主要对象，在园林中，体量
较大的塔多用作园中主景，如北京北海的白塔、苏州虎丘
的隋塔等；体型小巧、造型精致的则用来装点庭院、水面，
如杭州西泠印社的华严经塔、西湖"三潭印月"水中的三
石塔、苏州留园曲溪楼水面上的小石塔等。

幢[1]：《说文》："旌旗之属。"《释名》："幢，童也，
其貌童童也。"《汉书·韩延寿传》："建幢棨，植羽葆。"
丈室：佛教语。指小室。
佛堂：放置、供奉佛像的堂。
幡幢：佛教所用的旌旗，建于佛寺或道场之前。

河北赵县陀罗尼经幢

---

[1] 幢（chuáng）：指竿柱；幡（fān）：指竿柱上所垂长帛。

舫图

舫，又称"旱船"，"不系舟"，是由画舫、楼船演变而来的一种临水或仿水、意水的建筑形式。舫的外形似船，通常设在水边，近岸一侧，有平桥与岸相连接。舫由头舱、中舱、尾舱三个部分组成。头舱较高，多为一轩廊，轩廊之前取船头甲板之意布置一个小月台。中舱较低，类似水榭；尾舱最高，一般设楼阁，可登临眺望。

北京颐和园的清晏舫，为皇家所建，其气势之大，工艺之精为国内之最。清晏舫之造型，中、西游船风格兼而有之，在环境处理上与昆明湖的大水面和谐呼应，诚为颐和园一景。

在江南私家园林中，舫以小巧、写意为胜，如苏州拙政园的香洲、南京煦园的不系舟等。

廊，"廊[1]者，庑[2]出一步也，宜曲宜长则胜。古之曲廊，俱曲尺曲，今予所构曲廊，之字曲者，随形而弯，依势而曲。或蟠山腰，或穷水际，通花渡壑，蜿蜒无尽。"[3] 在园林中，廊的形式很多，运用极为普遍。

廊布置灵活、造型丰富，既可蔽风雨，供人坐息，又可组织园林空间，引导游人观赏，兼具建筑与游路双重功能。园林中著名的廊有北京颐和园的长廊、北海静心斋的爬山廊、扬州寄啸山庄上下二层的复道廊、苏州拙政园的"小飞虹"桥廊等。

---

[1] 廊：指正屋两旁屋檐下面的过道，或有顶的独立通道，如走廊、游廊等。
[2] 庑（wǔ）：堂下周围的建筑，外连廊。
[3] 计成. 园冶注释 [M]. 陈植，注释，杨超伯、陈从周，校阅. 北京：中国建筑工业出版社，1981.

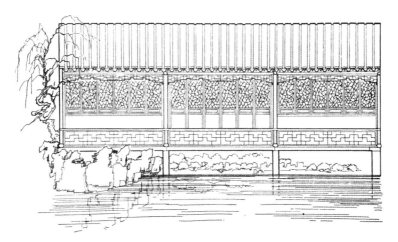

小飞虹正立面图

廊（苏州拙政园小飞虹）

斋："斋较堂，惟气藏而致敛，有使人肃然斋敬之义。盖藏修密处之地，故式不宜敞显[1]。"古人在祭祀或举行其他典礼前清心寡欲，净身洁食，以示庄敬称为"斋"。作为建筑名词指用来修养身心的较为隐蔽的房屋，如书斋。

山斋：山中居室，指用来隐居之所。

室：谓堂后之正室。古人房屋内部，前叫堂，堂后以墙隔开，后部中央叫室，室的东西两侧叫房。

茶寮[2]，构一斗室[3]，相傍山斋。内设茶具，教一童专主茶役，以供长日清谈，寒宵兀坐。

琴室即琴房。古人有于平屋中埋一缸，缸悬铜钟以发琴声者。然不如层楼之下，盖上有板，则声不散；下空旷，则声透彻。或于乔松、修竹、岩洞、石室之下，地清境绝，更为雅称耳。

房，古代指正室两旁的房间。《释名》云："房者，防也。防密内外以为寝闼也。"

---

[1][4] 计成 . 园冶注释 [M]. 陈植，注释，杨超伯、陈从周，校阅 . 北京：中国建筑工业出版社，1981.
[2] 茶寮：小型茶室。
[3] 斗室：即"斗居"，形容狭小的房屋。

三十六鸳鸯馆临水立面图

馆，客舍，招待宾客居住的房舍。散寄之居曰"馆"，可以通别居者。今书房亦称馆，客舍为假馆[4]。

谁与同坐轩正立面图

轩[1] 轩式类车，取轩轩欲举之意。

卷[2] 卷者，厅堂前欲宽展，所以添设也。或小室欲异人字，亦为斯式。惟四角亭及轩可并之。

广[3]，古云："因岩为屋曰广。盖借岩成势[4]，不成完屋者为'广'。"

广示意图

---

　　[1] 轩：古代一种前顶较高而有帷幕的车子。借指以敞朗、飞举为特点的类似车的建筑物。

　　[2] 卷：卷成圆筒状的东西。此指建筑物的形状。其形制据陈植云：为前轩梁上的弧形木顶棚，两头弯下，中间高平无脊，故名"卷"，亦称"卷棚"。

　　[3] 广（yǎn）。

　　[4] 借岩成势：指借用山岩作为天然的墙壁来造建筑物。

门：《说文》："闻也。从二户，象形。"《玉篇》："人所出入也。在堂房曰户，在区域曰门。"《博雅》："门，守也。"《释名》："扪也。言在外为人所扪[1]摸也。"

户：《辞源》："古门与户有别，一扇曰户，两扇曰门；又在堂曰户，在宅区域曰门。另凡关塞要口皆门，如玉门、雁门等。"

门楼：大门上边牌楼式的屋顶。

照壁：厅堂、轩斋建筑，明间后多用屏门、窗格或者木板当作虚壁，用作遮蔽、装饰之用，上多饰有图案、文字。

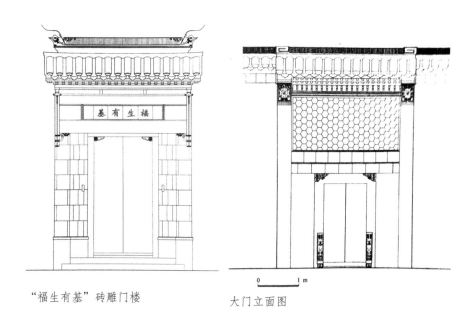

"福生有基"砖雕门楼   大门立面图

---

[1] 扪（mén）：书面语。按，摸。

窗：《说文》："本作囪。在墙曰牖，在户曰囱。或作窗。"
《释名》："窗，聪也。于外窥内为聪明也。"

和合窗：上面一扇固定，中间一扇可用撑杆支起，下面则可取下，北方称之为"支摘窗"，江南叫"和合窗"。

砖框花窗：一般不能开启，窗框形式多样，窗框边缘砌以水磨砖，其中嵌木构花窗格。

什锦花窗

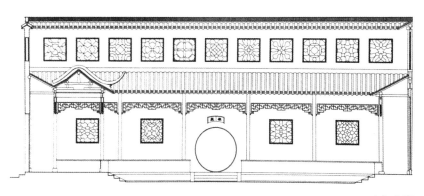

砖框花窗

花窗（什锦窗）：窗框形式变化丰富，成为园林的对景及框景，中间还可装灯形成灯窗，如颐和园乐寿堂南侧墙上的什锦灯窗。

牖：《说文》："穿壁以木为交窗也。从片户甫。谭长以为甫上日也。非户也。牖所以见日。"

梅窗

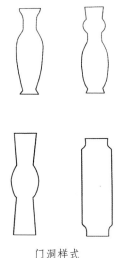

门洞样式

洞：《说文》："疾流也。"班固《西都赋》："溃渭洞河。"又深也，朗彻也。

洞门与空窗：或称花墙洞，是用砖、瓦空砌成花格纹样，其样式更为繁多，仅苏州园林中所见就有百种以上，如：万字、菱花、冰纹以及组合形式。此外，还有竹菊、荷花、人物故事等为题材的。

漏窗，不用磨砖窗框，只在墙面上做一两道线脚，使窗中的花格纹样更为突出。

与建筑及门（门洞）关系密切的是匾额。匾额是中国古代建筑的必然组成部分。匾额中的"匾"字古也作"扁"字，《说文解字》对"扁"作了如下解释："扁，署也，从户册。户册者，署门户之文也。"而"额"字，即是悬于门屏上的牌匾。

因此，通常人们认为：悬挂于门屏上作装饰之用，反映建筑物名称和性质，表达人们义理、情感之类的文学艺术形式即为匾额。也有一种说法认为，横着的叫匾，竖着的叫额。

秋叶匾

栏杆：中国园林中常见的部件，起安全、或护栏的作用。

木制栏杆有栒（xún）杖栏杆、花栏、坐栏、靠栏等数种。《园冶》中就有百种样式之多。

《园冶》栏杆样式

靠栏：临水的亭榭、水阁或楼上的坐栏为安全起见，一般断面做成弯曲状，南方有鹅颈靠、美人靠、吴王靠等名称，形象而生动。

墙：《说文》："本作墙。垣蔽也。"《尔雅·释宫》："墙谓之墉。"《书·五子之歌》："峻宇雕墙。"《诗·墉风》："墙有茨。"《传》："墙，所以防非常。"

女墙：城墙上齿牙状的矮墙。

萧墙：门屏，古代宫室用以分隔内外的当门小墙。

云墙，也称"龙墙"，常见于中国古典园林的围墙，是用砖砌成高高低低的半弧形墙，形状若云，如苏州拙政园中的枇杷园。

龙墙，蜿蜒起伏，顶上饰以龙头，并用瓦片组成麟状修饰墙体，象征龙身，一垛墙如巨龙游动，如上海豫园的龙墙。

磨砖墙：建筑或大门上的墙裙点缀。

毛石墙：有朴质的野趣。

白粉墙：可作为园林景观的背景衬托。

壁：《说文》垣也。《释名》辟也，辟御风寒也。

玉涵堂砖雕门楼－墙壁

路：《说文》："道也。"

径：《说文》："步道也。"

铺地：对地面的铺装处理。铺地图案变幻无穷，以江南苏州一带最为著名，称作"花街铺地"。

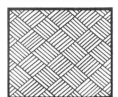

铺地

桥：《说文》："水梁也。从木乔声。乔高而曲也。桥之为言趫也，矫然也。"《史记·秦本纪》："昭王五十年，初作河桥。又悬绳以度曰缃桥。"

汀（tīng）步：步石的一种类型，设置在水上。指在浅水中按一定间距布设块石，微露水面，使人跨步而过。园林中运用这种古老渡水设施，质朴自然，别有情趣。将步石美化成荷叶形，称为"莲步"，桂林芦笛岩水榭旁就有这种设施。

三曲桥

石拱桥

［1］缃（gēng）：方言中指粗绳索。

0.3 舫式建筑

0.3.1 艺术的符号

在中国园林中，造园者用了很多的符号，如代表高洁的荷花、代表富贵的牡丹等。这些符号是形成园林物境和情境的多种表现形式，但它本身是客观的存在，并不是"创造"出来的。而"不系舟"却是"创造"出来的。因为"不系舟"本质上并不是舟船，也不完全是建筑。

无论是作为写实的不系舟，还是写意的船式建筑，它都比原始意义的船和具体的建筑要多那么一点"意味"。这种意味是我们物外言表能够领会到的东西，它与不系舟那富有想象力的表现形式是分不开的。

不系舟脱胎于舟舸，而逐渐变为抽象化的符号。由再现（摹仿）到表现（抽象化），由写实到写意，到抽象化、符号化，这是一个由观念到形式的积淀转化过程。

人们将往昔岁月生活经历中对船的认识和感受、想象等积淀转化成不系舟的形式。因此，它不同于一般的舟船，已成为一种"有意味的形式"，成为中国建筑艺术中经典独特的存在。

用石材和木料等来建舫并将舫归入建筑之类，起于何时？值得研究。但从上述定义来看，将不系舟归入建筑则是能够接受的。当然，若从历史的角度、艺术的眼光来看不系舟的话，则它就不仅仅是一个建筑形式，同时也是一个以建筑为依托体，表现、传达感觉经验和思想感情的"艺术符号"。

画舫楼船图
（引自：杨鸿勋.江南园林论[M].上海：人民出版社，1994，133）

0.3.2　不系舟的原型

园林中的"不系舟"是船屋的变体，非为居住而建，但它却凝炼成为一种艺术的"符号"，它积淀了华夏民族自远古以来所有水上生活的蕴味，当然更多的是美好的回忆：救生的舟、捕鱼的船、娱游的舫……无论是写实的"不系舟"，如颐和园的"清宴舫"、拙政园的"香洲"，还是抽象的"不系舟"，如上海秋霞圃的"舟而不游轩"，上海豫园的"亦舫"都能让人产生愉悦的联想。这就是中国园林中的"不系舟"——一种特别有文化底蕴，有美学意味的"建筑"。

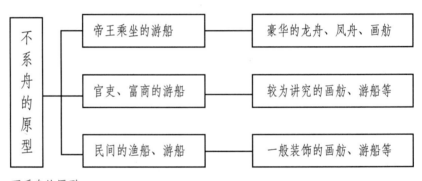

不系舟的原型

关于龙舟，有两种含义：一种是帝王乘坐的游船，另一种则是每年端午节举行的民间龙舟赛所用的船。龙舟可能是独木舟的变体，是龙和舟的结合。龙是中华民族的象征，又是水上风云变幻的主宰。把船造成龙的形状，以求平安、吉祥。关于端午龙舟竞渡有许多美丽而动人的传说，其中，流传最广的是为了纪念爱国诗人屈原而进行的龙舟赛，这种习俗已经延续了几千年。

隋炀帝龙舟

隋炀帝凤舟

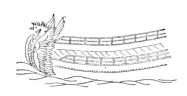

日本的龙舟、凤舟
（引自：上原敬二.造园大辞典 [M].东京：加岛书店，1978，889）

龙舟

清 袁江 丽山避暑图（局部） 龙舟

凤舟

清 袁江 丽山避暑图（局部） 凤舟

元　王振鹏　龙池竞渡图（局部）

元　吴廷晖　龙舟夺标图（局部）

明朝皇帝乘坐的御船（引自：中国船谱[M].37）

清康熙皇帝乘坐的御船（引自：中国船谱[M].37）

湖南龙舟赛　唐铭　绘

0.3.3　不系舟的结构

　　江南园林中不系舟随处可见，一般为三面临水，一面靠岸，并且都采用传统的做法，水平台以下部分均为石块砌筑，以上部分均为砖砌墙面与木门窗结合，屋面飞檐展翅，传统的粉墙黛瓦，游客的观赏游玩都踩在水平面以上平整的台型上。

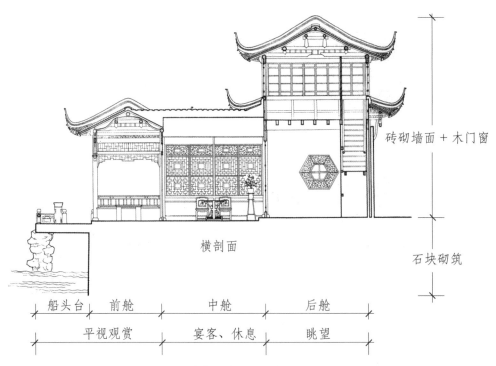

苏州怡园画舫斋剖面图（封云据结构、功能加以补充）

（引自：刘敦桢．苏州古典园林[M]．北京：中国建筑工业出版社，1979）

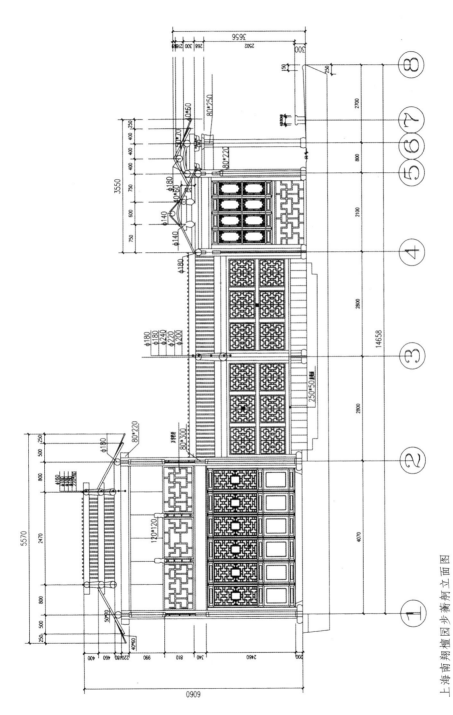

上海南翔檀园步衡廊立面图
（引自：瞿德志，檀园 旧址新园 [M]. 上海：同济大学出版社，2012）.

1　舫文化的源流

　　山与水是构成风景的两大要素。山青水秀其实已得风景之大成。在园林中，水上的游船、不系舟更是点缀风景，观赏游览的重要设施。缓缓而动的游船，构成了水上动态的景点与景线；静静而立的不系舟，就好像在默默地向人们诉说着什么。

　　游船之动，石舫之静，动静相间，虚实相映，常勾起游人无限的遐想与沉思。美的空间在时间的流逝中丰富、展开……形象与意境合而为一。

1.1 舟舫的由来

1.1.1 释舟船舫

"舫，舟也。"（《尔雅·释言》）

"舫，船也。"（《广雅·释水》）

《易经·系辞下传》曰："刳木为舟，剡木为楫，舟楫之利以济不通，致远以利天下，盖取诸涣。"《庄子》云："夫水行莫如用舟，而陆行莫如用车。"先秦时，人们已经将舟（船）视为与车（马）一样重要的交通工具。

汉　许慎《说文解字》中的舟、船、舫

汉　许慎《说文解字》书影

　　"舫，泭也。"（《尔雅·释言》）孙炎疏曰："舫，水中为泭，筏也。"《论语》云："乘桴浮于海。"桴[1]，"编竹木大曰栰[2]，小曰桴是也"。又《尔雅·释水》云："天子造舟，诸侯维舟，大夫方舟，士特舟，庶人乘泭。"天子造舟是指"比舡于水，加板于上，即今之浮桥"，"维舟以下，则水上浮而行"。《诗·汉广》云："江之永矣，不可方思。"毛传云："方，泭也。"用竹木编排的"泭"，是槎[3]以后古代中国最早的船型。

[1]　桴（fú）：书面语，小筏子。
[2]　栰（fá）：同"筏"。
[3]　槎（chá）：书面语中的木筏。

　　"舟"字旁的字约有70多个,与船相关的且较常用的字我们选出以下40多个,作为参考。

　　1.舟:zhōu,船。

　　2.船(舩):chuán,水上交通工具。

　　3.舫:fǎng,小船:画舫,游舫。

　　4.舠:dāo,小船

　　5.舡:chuán,同"船"。

　　6.舢:shān,舢板,见"舨"。

　　7.舣(艤):yǐ,古时指停船靠岸。

　　8.舭:bǐ,指船底和船侧之间的弯曲部分。

　　9.舯:zhōng,古时指船体的中部。

　　10.舰(艦):jiàn,大战船。

　　11.舨:bǎn,舢舨:用桨或橹推进的一种窄而长的小船。也作"舢板"。

　　12.舱:cāng,船或飞机中用于载人或物的部分。

　　13.航:háng,①船;②航行。

　　14.舣(艭):shuāng,古时指小船。

　　15.舸:gě,古时指大船,泛指各种船:百舸争流。

　　16.舻(艫):lú,古时指船头划棹的处所。

　　17.舳:zhú,古时指船尾。舳舻千里:指船尾接船头,连接起来有千里远。

　　18.舴:zé,舴艋:小船。

　　19.舶:bó,大船。

　　20.舲:líng,有窗户的船。

21. 舷：xián，船、飞机等的两侧。

22. 舵：duò，船、飞机等控制方向的装置。

23. 舾：xī，舾装：①船上锚、梯、桅杆、管线、电路等设备的总称。②给安排锚、梯、桅杆、管线、电路等设备的工作。

24. 艇：tǐng，①轻便的船；②指某些大船。

25. 艄：shāo，①船尾；船艄。②舵：艄公。

26. 舽：yú，舽艎：一种木船。

27. 舾：wěi，船的尾部。

28. 棹：zhào,同"棹"。

29. 艋：měng，舴艋：小船。

30. 艓：dié，古时指小船。

31. 艒：mù，古时指小船。

32. 艘：sōu，量词。用于计算船只的单位。

33. 艎：huáng，舽艎：一种木船。

34. 艏：shǒu，船的前部。

35. 艖：chā，古时指小船。

36. 艑：biàn，古时指小船。

37. 艓（艚）：tà，古时指大船。

38. 艕：bàng，①船与船相靠；②同"榜"，表示相靠。

39. 艗：yì，古时指船头。也作"艗首"。

40. 艚：cáo，艚子：载货的木船，靠舵的地方有的建有小木房。

41. 艨：méng，艨艟：古战船。也作"蒙冲"。

42. 艟：chōng，艨艟：古战船。也作"蒙冲"。

43. 艀：fú，小艇的意思。

1.1.2　舟舫之用

在商代甲骨文中，发现了几个不同的"舟"字，反映出船只的应用更广泛了。船可以用于运载、水战、捕鱼等。

明　戴进　月下泊舟（海外中国名画精选丛书　Ⅳ 明代 [M]. 20）

宋末元初　钱选　归去来辞图（海外中国名画精选丛书　Ⅱ 南宋·金 [M]. 109）

　　战国时期，关于水战的资料也多了。从四川成都出土的铜壶上的图画——水陆攻战图，亦可看到战船的情况：两船船头已相交，双方武士短兵相接，展开了激烈的厮杀。船分两层：上层甲板上，武士戴盔穿甲，挥戈射箭；下层的桨手奋力划着桨。

战国　宴乐渔猎攻战纹铜壶　北京故宫博物院收藏

在河南卫辉出土的青铜器上，也有类似的水战图。

河南卫辉出土的青铜器上反映出的水战舟船

秦汉时期，船舶已经广泛使用。公元前106年，汉武帝第三次出行，"行南巡狩，至于盛唐，望祀虞舜于九嶷，登灊天柱山，自寻（浔）阳浮江，亲射蛟江中，获之。舳舻千里，薄枞阳而出，作'盛唐枞阳之歌'。遂北至琅邪、并海"（《汉书·武帝纪》）。

随着商业活动的兴盛，汉代的商贾也开始蓄集船队，经商牟利。木船还被应用于农田水利方面。汉代出土的陶质水田模型，田畔沟渠中放有小船，说明在一些水田地区，木船还是农家进行生产的工具。

为了应对各领域的需要，造船技术有了迅猛的发展，当时的造船能力已经能建造楼船、战舰，在水战中发挥重要作用。

　　《释名》中有对楼船上层建筑的记述："其上屋曰庐，像庐舍也。其上重屋曰飞庐，在上故曰飞也。又在其上曰爵（雀）室，于中候望之如鸟爵之警视也。"（《释名·释船》）

　　元狩三年（前 120 年），汉武帝在长安（今陕西西安市）西南挖建了方圆四十里的昆明池打造楼船，训练水师。楼船"高十余丈，旗帜加其上，甚壮"（《汉书》卷二十四，食货下）。

　　《太平御览》卷七七〇"舟三"载，吴主孙权打造大楼船，名曰"长安"，可载将士三千人，一日与群臣泛舟于江，大风骤起，急急驶往樊口，未至而沉没，故称其处为"败船湾"。

　　另一方面，也开始出现了体现皇家威严的御用船。元鼎四年（前 113 年），汉武帝巡幸晋地，乘楼船行于汾水。酒酣兴高，他即席作歌："泛楼船兮济汾河，横中流兮扬素波。"（《太平御览》卷七六八"舟一"）这大概算是后世画舫的滥觞。

1.1.3　舟舫之制

"舟楫之利，穷究川野。"（《太平御览》卷七七〇"舟三"，李尤《舟楫铭》）舟舫，因其大小、形制以及地区的不同，形成了各种不同的称谓。

《小尔雅·广器》曰："小船谓之艇，艇之小者曰舠，船头谓之舳，尾谓之舻，楫谓之桡。"

《方言·舟楫杂释》曰："舟自关而西谓之船，自关而东或谓之航，南楚江湘，凡船大者谓之舸，小舸谓之艖。"

舫就是两船并列。中国早在西周时就有舫，汉代也常使用。舫的航行速度较慢，但相对平稳，古代皇室、贵族们往往对舫加以装饰，乘坐游幸，称为"画舫"。

汉末《通俗文》称"连舟曰舫"（辑自《一切经音义》卷二），舫不仅作为舟船部类的通用名，也可以特指双体船。两船并联则船体加宽，有两组底舱，便增加了承载量。

双体船行速度慢，但航行平稳。因此有皇族贵胄在船上建重楼高阁，装点修饰，乘坐出游，称为"画舫"。

　　双体画舫的图像资料很少，目前所见最早者是东晋顾恺之所绘《洛神赋图》（《洛神赋图》现仅存三本宋摹本，此处插图为故宫本，以此为晋代图像虽不妥，但可作为参照）。

　　图中画舫有两条并列的船身，船上重楼高阁，装饰华美。可见，东晋时双体船的制造技术已经十分成熟。古人一般利用双体船载客、运货，它是交通运输工具，而非战船。

晋代画家顾恺之名画《洛神赋图》中的双体船

1.2 舫的类型

　　《天工开物·舟》云:"凡舟古名百千,今名亦百千,或以形名,如海鳅,江变,山梭之类。或以量名,载物之数。或以质名,各色木料。不可殚述。游海滨者得见洋船,居江湄者得见漕舫,若局趣山国之中,老死平原之地,所见者一叶扁舟,截流乱筏而已。"的确,舟名百千,形制亦百千。

唐铭据图绘

清　袁江　骊山避暑图中的画舫

1.2.1 先秦——独木舟、船

独木舟：中石器时期以火和石器作为工具的产物。传说大禹治水时，曾在大树制成的独木舟上指挥治水。商代（前17世纪）的木船到达过海岛。姜尚（前11世纪）攻打殷纣时使用过木船作战。

出土的早期独木舟
（引自：中国古代机械文明史[M].47）

刳木为舟图
（引自：中国古代机械文明史[M].47）

独木舟有不同的样式。它们既可成为水上交通工具，又可使古人的渔猎范围扩大。古人在利用大木制造独木舟时，常使用石斧、石凿等工具，用火烧去多余的部分，用泥把保留的部分保护起来。之后在独木舟四边加上木板，防止水进入，逐渐发展形成船。

出土的早期独木舟
（引自：中国古代机械文明史 [M]. 47）

木筏：最早、最简单的木筏是由多根树干捆扎而成的木排。

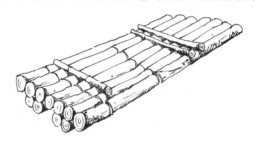

木筏示意图　唐铭　绘

竹筏：中国有悠久的航海及造船的历史。考古证明，至少在7000年前，中国已能制造竹筏、木筏和独木舟。最早、最简单的竹筏是由多很竹竿捆扎而成的竹排，沿江河顺流而下，也可以用桨、橹、篙来推进。

竹筏示意图　唐铭　绘

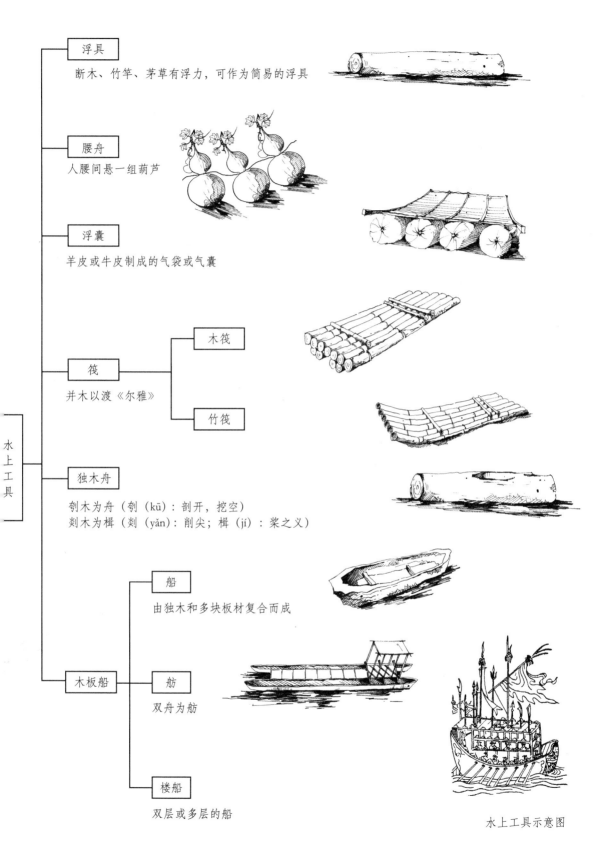

浮具

断木、竹竿、茅草有浮力，可作为简易的浮具

腰舟

人腰间悬一组葫芦

浮囊

羊皮或牛皮制成的气袋或气囊

筏

并木以渡《尔雅》

木筏

竹筏

水上工具

独木舟

刳木为舟（刳（kū）：剖开，挖空）
剡木为楫（剡（yǎn）：削尖；楫（jí）：桨之义）

船

由独木和多块板材复合而成

木板船

舫

双舟为舫

楼船

双层或多层的船

水上工具示意图

1.2.2　秦汉——楼船、画舫

秦汉三国时，各种行船工具如帆、桨、橹、篙、舵、艄、碇的设计都已经初具规模。造船者也开始注意船体造型以适应性能的要求，将楼船做成狭长、短广的形式，其特点是狭而长以期轻捷灵活，短而广则为了平稳。

出土于湖南长沙的西汉木船模型共有16把桨，古时称为长棹。操作方法为将桨柄穿过舷板上的圆孔，这圆孔实际上构成桨的支点，行船时，桨手必须站立着划水。

出土于广州的东汉陶船模型的船首部左右也各有三个用来支撑棹的支架，由于棹较长，力矩大，有了支点，棹就能按照杠杆原理操作，桨手划动时可以较小的力量得到较大的推船效率。值得注意的是：船上有类舫的建筑，前、中、后舱较为明显。

广州出土的东汉陶船　现藏于中国历史博物馆

分别出土于广州和湖北江陵的西汉木船模型上有四个木俑，每个木俑各持一把短桨，最特别之处是它们均坐在船凳上划桨，而不是站立着。

楼船虽然远在汉代以前就已出现，但它的发展却是从汉代开始的。汉代楼船高十余丈，船上的各层建筑物都各有专名。

楼船不但外观高大巍峨，而且列矛戈、树旗帜，戒备森严，攻防皆宜，是一座真正的水上堡垒。由于楼船体量高大，具威慑力，一般用作指挥船，它行动不够灵便，在水战中，必须与其他战船互相配合。楼船的甲板上有三层建筑，每一层的周围都设置半人高的防护墙。第一层的四周又用木板围成"战格"，防护墙与战格上都开有若干箭孔、矛穴，既能远攻，又可近防。甲板建筑的四周还有较大的空间和通道，便于士兵往来，甚至可以行车、骑马。

汉代以楼船为主力的水师已非常强大，一次战役就要出动楼船两千多艘，水军 20 万人。舰队中除了楼船外，还有其他各种作战舰只，包括在舰队最前列的冲锋船先登、用来冲击敌船的狭长战船"蒙冲"、快如奔马的快船"赤马"等，还有"斗舰"和"走舸"。

三国时期，这些战船曾在历史上有名的"赤壁之战"中立了头功，孙吴统帅黄盖着数十条由"蒙冲"、"斗舰"和"走舸"组成的船队，将曹操的船队打败了。

1.2.3 隋唐——龙舟、沙船

隋唐时，"凡东西郡邑，无不通水，天下货利，舟楫居多"（《唐语林》卷八），"自扬、益、湘道至交广闽中等州，公家运漕，私人商旅，舳舻相继"（《元和郡县志》）。而隋炀帝经运河游幸江都所乘水上宫殿"龙舟"、五代荆南节度使成汭水师旗舰"和州载"，都形制宏大，可谓旷代巨舸。

此时在平底船的基础上，又演变出了新的船型"沙船"。沙船平头、方艄、平底、船身较宽，吃水浅，航速快，行驶平稳，适应内河航运，也应用于近海航行。

而造于福建一带的"福船"，船底作尖圆形，吃水深，利于破浪而行，以行驶南洋远海而著称。

中国古代主要船型——沙船

中国古代的另一种船型——福船

1.2.4 两宋——车船、漕船

两宋时，"车船"广泛发展起来。"车船"舷外设木叶轮（民间谓"轮"为"车"），置人于前后踏车，进退皆可。宋高宗建炎四年（1130），钟相、杨幺起义军的车船有楼2～3重，吃水1丈左右，车数多达24个，可载一千余人（《中兴小纪》卷一三）。

同时，内河船的形制也大为丰富，北宋《清明上河图》即以写实手法描绘了汴河中行驶的各种客船、货船、漕船和渡舟。根据当地水情和运输需要，川船、吴船、越船、淮船等，又以各自不同的构造特点形成明显的区分。

瓷舟　南宋　浙江省龙泉窑窑址出土
（引自：中国古船图谱[M].7）

北宋　张择端《清明上河图》（局部）

南宋 马和之《柳溪春舫图》中的游船

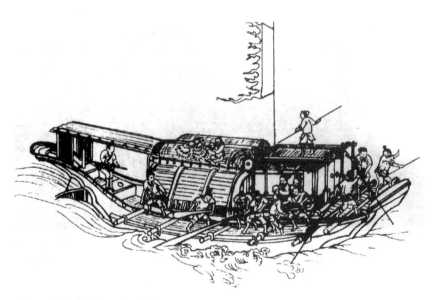

南宋 李嵩《巴船下峡图》中的江船（线图）
（引自：中国古船图谱[M].135）

1.2.5　明清——郑和宝船、福船

郑和宝船：明初打造出了世界上最大的木帆船——郑和宝船，造船与航海事业辉煌一时的郑和船队用船出自官船厂。明代官船厂遍及全国各地，其中宝船厂、龙江船厂、清江船厂、卫河船厂最为重要。龙江船厂生产的 23 种船舶（大小黄船、座船、战船、哨船、轻浅便利船、浮桥船、叁板船、划船、快船、蜈蚣船、沙船、楼船等），规格图样在《龙江船厂志》和《南船记》中都详细的记录保存下来。

郑和船队的宝船，大船长四十四丈四尺，阔十八丈；中船长三十七丈，阔十五丈。四十四丈四尺大约是 150 米，十八丈大约是 60 米，可见宝船的形体是很大的。在南京出土的宝船舵杆长

郑和宝船模型
（1985 年研制，经中国航海学会组织鉴定通过。引自：中国船谱 [M]. 95）

蒙冲 明 茅元仪《武备志》
（引自：中国古船图谱[M]. 210）

福船 明 《三才图会》
（引自：中国古船图谱[M]. 217）

达 11.07 米，需要利用绞车来操纵舵的升降。大型宝船上的桅、帆数量现在无法具体知道，不过，郑和的随从费信在他的书里说宝船张十二帆，可见当时宝船上的桅、帆数量很多。正是这种巨大、优良的船舶，以及宋明时期高超的航海技术，郑和才能完成空前的远洋航行壮举。

福船——战船：明代为加强海防，多次扩充军备、打造战船。戚继光《纪效新书》、胡宗宪《筹海图编》、茅元仪《武备志》等书中都有篇幅介绍当时的战船。

福船高大如楼，可容百人。其底尖，其上阔。其首昂而口张，其尾高耸，设柁楼三重于上。其旁皆护板，扬以茅竹，坚立如垣。其帆桅二道。中为四层。最下一层不可居，惟实土石，以防轻飘之患。第二层乃兵士寝息之所，地板隐之，须从上蹑梯而下。第三层左右各护六门，中置水柜，乃扬帆、炊爨之处也；其前后各置木碇，系以棕绳，下碇起碇皆于此层用力。最上一层如露台，须从第三层穴梯而上，两旁板翼如栏，人倚之以攻敌。（《筹海图编》卷十三）

福船高大，"敌舟小者相遇即犁沉之，而敌又难于仰攻，诚海战之利器也。但能行于顺风顺潮，回翔不便，亦不能逼岸而泊，须假哨船接渡而后可"（《筹海图编》卷十三）。

吃水一丈一二尺，惟利大洋，不然多胶于浅。无风不可使，是以贼舟一入里海，沿浅而行，则福舟为无用矣。（《纪效新书》卷十八）

福船由大至小分为福船、哨船、冬船、鸟船、快船。"福船势力雄大，便于冲犁。哨船、冬船便于攻战追击。鸟船、快船能狎风浪，便于哨探。"在战场上协同作战，"大小兼用，俱不可废。船制至福船备矣"。（《武备志》卷一六六）而广船"视福船尤大，其坚致亦远过之，盖广船乃铁力木所造，福船不过松杉之类而已"。"其制下窄上宽，状如两翼，在里海则稳，在外洋则动摇。"在这点上不如福船。

另外，"广船两旁搭架摇橹，风篷札制俱与福船不同"。（《武备志》卷一六六）广船不仅以强大火力取胜，而且可与敌船直接碰撞，击沉对方。

大福船　明　胡宗宪《筹海图编》
（引自：中国古船图谱 [M]. 216）

此外，有叭喇唬船、苍山船、鹰船、联环舟、海运船仿制的两头船以及由渔船变来的网梭船、鸟嘴船等等。名类甚繁，不能尽述。

明清两代出使琉球的座船称为"封舟"。其中明嘉靖十三年（1534年）陈侃出使所乘封舟据其《使琉球录》记载为福建打造，"舱口与船面平，官舱亦止高二尺，深入其中，上下以梯，限于出入；面虽启牖，亦若穴之隙。所以然者，海中风涛甚巨，高则冲低则避也。故前后舱外犹护以遮波板，高四尺许，虽不雅于观美而实可以济险，因地异制造作之巧也"。

另外，船舶形制在文献中有详尽记录的是康熙五十八年（1719年）封舟，此行二船均取自浙江民间商舶。关于船体结构、规格设施种种描述见存于徐葆光《中山传信录》。

清 封舟 康熙五十八年（1719）徐葆光《中山传信录》
（引自：中国古船图谱[M].17）

水运发展至此，内河船品已多不胜
数，明《三才图会》、清《古今图书集
成》都有专篇论述船舶并配以图式。《北
新关志》收江浙一带船并图七十三种，
而明清绘画作品也往往见有船图。

《武备志》中的明轮船

唐船图　清　绳屋板　存日本长崎美术馆
（引自：中国船谱[M]. 20）

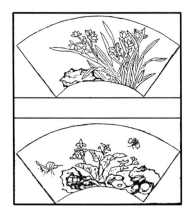

便面窗花卉式

清　李渔《闲情偶寄》中的湖舫图（之一）

清　李渔《闲情偶寄》中的湖舫图（之二）

便面窗虫鸟式

2 舫的美学属性

　　"水能载舟，也能覆舟"。了解水性，亦能知晓天地之物理。正因为泛舟水上能陶冶性情，体悟天地之物理，是以中国文人对渔父印象颇好。

　　渔父常是隐者、智者的代称。《楚辞》中有《渔父》之歌："沧浪之水清兮，可以濯吾缨。沧浪之水浊兮，可以濯吾足。"文人士大夫在不得志时，常常选择"渔隐"、"水居"的生活方式以"独善其身"。

2.1　源于生活的艺术原型

　　中国有句老话，叫"靠山吃山，靠水吃水"。这形象地概括了中华民族从古至今一直沿用下来的一种最基本的生存方式。中国地域辽阔，水资源异常丰富。《山海经》、《水经》中记载的江河湖海就有很多。这种水系众多的自然环境促使最初在这块土地上生活的人开始造舟，用舟。

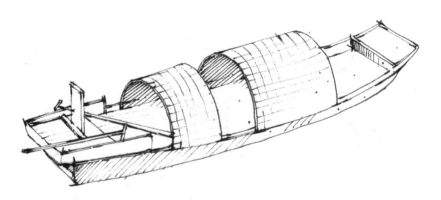

乌篷船　唐铭　绘

2.1.1 舫与生活

人要生存，首先就要进行物质生产，以满足人类自身的吃穿住行等实际需求。因此，水上捕捞、水面养殖、水上运输以及凭船而居的水上人家都离不开船舫。

《唐语林》卷八载："凡东南郡邑无不通水，故天下货利舟楫居多。转运使岁运米二百万石输关中，皆自通济渠入河而至也。"清《潞河督运图》中所反映的水上运输场景尤为直观。直至科学技术高度发达的今天，航运与渔业仍然是国民经济中的一个重要组成部分。由此可见舫与生活有密切关系。

明　戴进　渔乐图
（引自：海外中国名画精选丛书　Ⅵ 清代[M]. 30）

《天工开物》中的没水采珠船

索渡船 清 黄向坚
寻亲纪行图（册页）（七）
美国纽约大都会艺术馆藏
（引自：国立故宫博物院
编辑委员会. 海外遗珍 绘
画一[M]. 181）

漕船　清　江萱《潞河督运图》

（引自：中国古船图谱[M]. 15）

清　朗世宁
羊城夜市图
（引自：海外中
国名画精选丛书
VI 清代 [M].
上海：上海文艺
出版社，1999，
104）

清 朱伦翰 指画观瀑图
加拿大皇家安大略博物馆
藏
（引自：国立故宫博物
院编辑委员会．海外遗
珍 绘画一[M]. 222）

2.1.2　舫与战争

中国历史上战乱频仍，战争若在水域进行，舟舫则是必备的作战运载工具。《西京杂记》曰："武帝作昆明池，欲伐昆明夷，教习水战。"《汉书·武帝纪》引《西南夷传》曰："有越嶲、昆明国，有滇池，方三百里，汉使求身毒国而为昆明所闭，今欲伐之，故作昆明池象之，以习水战。"又《汉书·食货志》载："粤欲与汉用船战逐，乃大修昆明池，列馆环之，治楼船高十余丈，旗帜加其上甚壮。"

水上战争最为有名的当数"赤壁之战"。《三国志·周瑜传》载刘备为曹公所破，权遣瑜等"与备并力逆曹公遇于赤壁。瑜部将黄盖曰：'今寇众我寡难与久持，然观操军方连船舰，首尾相接，可烧而走也。'乃取蒙冲、斗舰数十艘，实以薪草，膏油灌其中，裹以帷幕，上建牙旗，先书报曹公欺以欲降，又预备走舸各系大船后，因引次俱前。曹公军吏皆延颈观望，指言盖降，盖放诸船，同时发火，时风盛猛，悉延烧岸上营落，军遂败"。明代罗贯中在其长篇小说《三国演义》中，将其绘声绘色地表现了出来，从而在民间流传甚广，这无疑也加深了人们对舟舫的认识。

蒙冲图

走舸图

2.1.3 舫与生命

水具有善恶二重性，一方面它是人类生存必不可少的自然资源；另一方面，它又具有破坏、毁灭并吞噬生命这一属性。当人面临水难之时，船则是"生"的象征。

诺亚方舟

《圣经·创世记》中记载诺亚的方舟用歌斐木造，里外抹上松香。"方舟长三百肘，宽五十肘，高三十肘。方舟上边要留透光处，高一肘。方舟的门要开在旁边。方舟要分上、中、下三层。"当洪水在地上泛滥的时候，挪亚同他的一家都进入了方舟，从而避过了洪水，得以生存。

葫芦

在中国也有与这类似的创世神话。如土家族有一首题为《八兄弟捉雷公》的摆手歌，歌里说：八个兄弟捉了雷公，准备杀了雷公给母亲吃。雷公被困，于是向姐弟俩求救，姐弟俩救了雷公。雷公上天之后决定复仇，要涨起齐天大水把人类收尽。但又想到地上还有两个救过他命的恩人。于是送给姐弟俩一个大葫芦。待姐弟俩进入葫芦之后，雷公开始了以洪水洗劫人类的复仇行动。大雨下了七天七夜，使得世间的人类和万物绝灭。只有这姐弟俩因洪水齐天，葫芦浮到天上，流到南天门而得救。

与此类似的传说还有很多，所不同的只是葫芦变成了"木柜"、"木桶"而已。这些神话传说虽然情节不同，但所表示的意思则是很明确的：那就是当洪水来临之时，只有上船或躲入船式的物品之内，才有生存的希望。

另外，在现实生活中，"船"有时候也是人们前阻险川，后有追兵之时唯一的一条"生路"，尤其是在危难之时，一叶扁舟就可使人转危为安，脱离险境。

《三国演义》第五十五回，写刘备去东吴娶孙夫人之后，急欲逃离江东，行至刘郎浦，沿江寻渡，一望江水弥漫，并无船只。忽报后面尘土冲天而起，军马盖地而来，只道是"死无地矣！"正慌急间，忽见江岸一字儿抛着拖篷船二十余只，赵云曰："天幸有船在此！"赶忙上船而去。

虽说岸上追兵乱箭齐射，但刘备所乘之船早已开远，有惊无险。试想，若此时无船，那就只有被捉。因此，中国人从生活中总结出来的这些经验，更加深了人们对船的喜爱。

所以，舟舫才如春花秋月一样，成为诗词中习见的意向，如：

> 朝辞白帝彩云间，千里江陵一日还。
> 两岸猿声啼不住，轻舟已过万重山。
> ——唐·李白《早发白帝城》

> 故人西辞黄鹤楼，烟花三月下扬州。
> 孤帆远影碧空尽，唯见长江天际流。
> ——唐·李白《黄鹤楼送孟浩然之广陵》

月落乌啼霜满天，江枫渔火对愁眠。

姑苏城外寒山寺，夜半钟声到客船。

——唐·张继《枫桥夜泊》

舷低冷戛荷千柄，底舠斜穿月半轮。

一笠一蓑人稳坐，晚风萧飒弄青萍。

——宋·林逋《小舟》

大舟无风帆不举，小舟榜入青冥去。

舟中渔子呼且歌，夜半闻鱼谁得多。

——宋·王令《大舟》

元　夏永　滕王阁图
（引自：海外中国名画精选丛书　Ⅲ　元代[M].116）

在绘画作品中，舟船也是画家表现水上景观、抒发胸怀必不可少的景物。故画家作画，常爱在水面或水边画一小船。即便是空船一只，也蕴含着无限的生机与情趣，使人感到安全与宁静。

如"元四家"之一的吴镇（1280-1354，字仲圭）性爱梅花，自号梅花道人，浙江嘉兴人，好作渔父图，往往画天空水阔，云山缥缈，林木扶疏，几只渔船活动其间，给人一种空灵的感觉。

如《洞庭渔隐图》，近景为双松挺立，杂树盘曲；隔岸山峦，矶石垒垒；湖上浅停芦苇，错落萧疏。湖山间点缀一叶扁舟。自题诗云："洞庭湖上晚风生，风搅湖心一叶横。兰棹稳，草衣新，只钓鲈鱼不钓名。"以此来寄托他的遁世绝俗的思想情感。

元　吴镇　洞庭渔隐图

2.2 愉悦身心的艺术活动

　　无论是失意还是得意，泛舟湖上均能陶冶性情，愉悦身心。因此，在中国上自帝王下至文人、庶民都对水上泛舟颇感兴趣。帝王的尊贵，文人的情趣，遂成为世人崇拜、摹仿的对象，从而使船的功用由实用而转向游乐、审美。

2.2.1 祈求平安的"祭游"

"祭游"与远古人们的自然崇拜和巫术仪式有关。水的二重性使得人们对它采取两种不同的对待方式。一是捉妖杀死水怪，二是祭祀，奉献牺牲，以博取水神的欢心，使其不危害人类。中国古时候这种祭水的仪式很多，而尤以民间农历五月初五端午节的龙舟竞渡最为有名。

王振鹏龙池竞渡图

　　《龙舟夺标图》（纵：124.1厘米，横：65.6厘米，图轴，绢本，设色）作者吴廷晖（活动于14世纪），浙江吴兴人，擅长青绿山水和花鸟画。

　　关于端午的起源有多种说法，有人认为是龙的图腾崇拜，有些地区又把五月五日当作"恶月"、"恶日"进行驱邪避恶仪式，后来，结合纪念屈原而成端午节的。

　　端午节最重要的活动是竞渡，画中有三艘龙舟在河中竞渡，主龙船装饰华丽，舟中设有一亭，亭子内有许多女侍环侍着一名贵人，前后两舟则摇旗呐喊，锣鼓喧天，溪流两旁，林霏朦胧，侍卫仪仗游行于其间，场面十分热闹。

　　画中线条有如游丝般的细致柔和，人物精密生动，龙舟工整

元　吴廷晖　龙舟夺标图　现藏台北故宫博物院

华丽，画法近似王振鹏，但较为柔细。

龙舟竞渡传说是为了悼念屈原。千百年来，端午龙舟竞渡一直是民间岁时盛事。

唐代诗人张建封有《竞渡歌》："……两岸罗衣扑鼻香，银钗照日如霜刃。鼓声三下红旗开，两龙跃出浮水来。棹影斡波飞万剑，鼓声劈浪鸣千雷。鼓声渐急标将近，两龙望标目如瞬。坡上人呼霹雳惊，竿头彩挂虹蜺晕。前船抢水已得标，后船失势空挥桡……"各式龙舟竞渡在文学、绘画作品中多有反映。

另外，如《淮南子·本经训》"龙舟鹢首，浮吹以娱"，是划着龙船、摇船在水上奏乐、游玩。《梦粱录》中记载南宋杭州"龙舟六只，戏于湖中"。

而帝皇也往往以观竞渡为娱乐。《旧唐书》中记穆宗、敬宗，均有"观竞渡"之事。《东京梦华录》卷七，记北宋皇帝于临水殿看金明池内龙舟竞渡之俗。

金明池是北宋汴京城西的一处宫苑，根据记载，周围九里三十步，每年三月在此举行龙舟竞赛，表演水上杂技。元王振鹏《龙池竞渡图》不仅描绘出金明池的苑囿布局和建筑，也根据记载和合理想像再现了宋代的宫廷活动。

2.2.2 再现生活的"仿游"

划船,是人们生产、生活所必须掌握的技能。对生活、战争场景的模仿既能训练技能,同时又能愉悦身心。因为模仿是"人的一种自然倾向,从孩时就显出。人之所以不同于其他动物,就在于人在有生命的东西之中是最善于模仿的。人一开始学习,就通过模仿。每个人都天然地从模仿出来的东西得到快感"。(亚里士多德《诗学》第二章)倘若于模仿之中还能见到和谐与节奏,那么这种快感就会更强。而这种再现生活式的"仿游"正具有这两种特性。

《东京梦华录》详细记载了水上划船、游戏的内容。其游戏项目有:

① 诸军百戏:如"大旗、狮豹、掉刀、蛮牌、神鬼、杂剧之类",在近殿水中横列的四彩舟上进行。

② 水傀儡:"小船上结小彩楼,下有三小门如傀儡棚,正对水中。乐船上参军色进致语,乐作,彩棚中门开,出小木偶人,小船子上有一白衣人垂钓,后有小童举棹划船辽绕数回,致语,乐作,钓出活小鱼一枚,又作乐,小船入棚。继有木偶、筑毬、舞旋之类,亦各念致语,唱和,乐作而已,谓之'水傀儡'。"

③ 水秋千:"两画船上立秋千,船尾百戏人上竿,左右军院

虞候监教鼓笛相和，又一人上蹴秋千，将平架，筋斗掷身入水，谓之'水秋千'。"

④ 水战夺标：水战、夺标是水上游戏的主体与高潮。关于这部分的记叙尤为详尽，在此不妨引录如下：

有小龙船二十只上有绯衣军士各五十余人，各设旗鼓铜锣。船头有一军校，舞旗招引，乃虎翼指挥兵级也。又有虎头船十只，上有一锦衣人，执小旗立船头上，余皆著青短衣，长顶头巾，齐舞棹，乃百姓卸在行人也。又有飞鱼船二只，彩画间金，最为精巧，上有杂彩戏衫五十余人，间列杂色小旗、绯伞，左右招舞，鸣小锣鼓铙铎之类。又有鳅鱼船二只，止容一人撑划，乃独木为之也。诸小船竞诣奥屋，牵拽大龙船出诣水殿，其小龙船争先团转翔舞，迎导于前，其虎头船以绳牵引龙舟。大龙船约长三四十丈，阔三四丈……

上有层楼台观，槛曲安设御座，龙头上人舞旗，左右水棚排列六桨宛如飞腾。至水殿舣之一边，水殿前至仙桥，予以红旗插于水中标志地分远近。所谓小龙船，列于水殿前，东西相向；虎头、飞鱼等船布在其后，如两阵之势。须臾，水殿前水棚上一军校以红旗招之，龙船各鸣锣鼓出阵，划棹旋转，共为圆阵，谓之'旋罗'；水殿前又以旗招之，其船分而为二，各圆阵，谓之'海眼'；又以旗招之，两队船相交互，谓之'交头'；又以旗招之，则诸船皆列五殿之东，面对水殿，排成行列，则有小舟一军校执一竿，上挂以锦彩银碗类，谓之'标杆'，插在近殿水中，又见旗招之，则两行舟鸣鼓并进，捷者得标，则山呼拜舞，并虎头船之类，各三次争标而止。其小船复引大龙船入奥屋内矣。

由以上记叙不难看出，舟船兼具"水上舞台"和"水上游具"之特性。诸军百戏、水傀儡、水秋千均在船上演示，而水战夺标就好像是一次"水战"，用红旗调动船只有如"布阵"，争标有如进攻，夺标则象征着胜利。这些活动如果没有水上战争的经验，没有设计者的精心安排和艺术加工是设想不出来的。这次活动是皇帝为赐宴群臣而举办的。宋画《金明池夺标图》直观地再现了

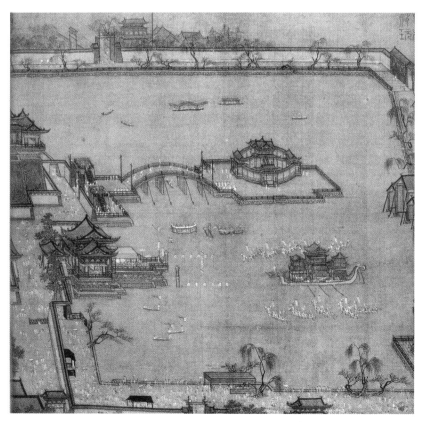

宋　张择端　金明池争标图

这类活动的盛况。

《元氏掖庭记》《香艳丛书》)也较为详细地记载了宫廷水戏、采莲游等游玩内容。

① 两军水戏："已酉秋之夜，武宗与诸嫔妃泛月于禁苑太液池中，月色射波，池光映天，绿荷含香，芳藻吐秀，游鱼浮鸟，竞戏群集。于是画鹢中流，莲舟夹持，舟上各设女军。居左者冠赤羽冠，服斑文甲，建凤尾旗，执泥金画戟，号曰'凤队'；居右者冠漆朱帽，衣雪氅裘，建鹤翼旗，执沥粉雕戈，号曰'鹤团'。又彩帛结成采菱采莲之舟，轻快便捷，往来如飞。当其月丽中天，彩云四合，帝乃开宴张乐，下令两军水击为戏，风旋云转，戟刺戈横。战既毕，军中乐作唱《龙归洞》之歌而还。"

这种水战以"女军"为之，实际上已带有更多的游戏成分，水面已成为上演水上战争剧的"大舞台"，观赏者完全是以娱乐的眼光来看待这种再现生活的艺术摹仿的。

② 采菱采莲：除了水战之外，采菱采莲等水上采摘活动也是人们摹仿的内容。

京城北三十里有玉泉山，山半为吕公岩。帝于夏日尝避暑于北山之下，曰：西湖者其中多荷蒲菱芡。帝以文梓为舟，伽南为楫，刻飞鸾翔鹢旃于船首，随风轻漾。又作采菱小船，缚彩为棚，木兰为桨，命宫娥乘之以采菱为水戏。时香儿亦在焉。帝命制《采菱曲》，使篙人歌之，遂歌《水面剪青者》

采菱圖

菱湖女子梭船小清水瑛
紅風流何似花間翡翠錦
上駕鴦　為翻綠蓋誤拈
紫角纖指澈傷着他去也
一聲高唱十里斜陽粗
右注帝寫自丙戌夏五秋
九日雨半後填人月圓一闋
以寄孤興去石田生題

明　沈周　采菱图　日本京都博物馆藏
（引自：海外中国名画精选丛书　Ⅳ 明代[M]. 49）

之调曰：'伽南楫兮文梓舟，泛波光兮远夷犹。波摇摇兮舟不定，扬予袂兮金风竞。棹歌起兮纤手挥，青角脱兮水潆洄，归去来兮乐更谁。'篙人歌之，声满湖上。天色微醺，山衔落日，帝乃周游荷间，取荷之叶，或以为衣，或以为盖，四顾自得，毕景忘归，又命作采莲之曲，于是调《折新荷》而歌曰：'放渔舟兮湖之滨，剪荷柄兮折荷英。鸳鸯飞兮翡翠惊，张莲叶以为盖兮。缉藕丝以为衿，云光淡，微烟生。对芳华兮乐难极，返予棹兮山月明'。

帝王嫔妃以游戏的态度来观赏，并亲身体验"周游荷间，取荷之叶或以为衣或以为盖"，又闻歌采菱、采莲之曲。摹仿之乐，怡然之情，顿时跃于眼前，使人如临其境。"仿游"之乐，由此可见之。

摹仿之所以使人感到美，感到愉快，除了它来源于生活，勾起人们对往昔生活的怀念、遐想之外，还在于摹仿行为本身就已跳出了现实功利的圈子，观赏主体能以轻松、自然的神情，观注

游船 明 仇英
《浔阳琵琶图》
（引自：中国古船图谱[M].33）

2.2.3 心旷神怡的"乐游"

乘舟临水，视野广阔，令人心旷神怡。舟行之道有如人生之路，了解舟性、水性，方能水上行舟如履平地。《易经·彖传·中孚》云："利涉大川，乘木舟虚也。"《诗经·小雅·菁我》曰："泛泛杨舟，载沉载浮。"杨舟，指杨木为舟，载沉载浮，以舟的沉浮来比喻人的心情。《庄子·逍遥游》曰："水之积也不厚则负大舟也无力，覆杯水于坳堂之上，则芥为之舟，置杯焉则胶，水浅而舟大也。"

《刘子新论·履信篇》云："信者，行之基，行者，人之本。人非行无以成，非信无以立。故信之行于人，譬济之须舟也。信之于行，犹舟之待楫也。将涉大川，非舟何以济之？欲泛方舟，非楫何以行之？今人虽欲为善而不知立行，犹无舟而济川也。虽欲立行而不知立信，犹无楫而行舟也。"这里将抽象的道德概念"信"、"行"用舟楫的形象关系化出，使人明白其中的道理。

古人往往用行舟来比喻处事，取义于两个方面：一是指舟性"虚"。舟虚则无沉覆之患，舟虚才能载千钧之鼎。由舟性联想到人性，"人能虚已以游世，其孰能害之？"孔子曰："仁者乐山，智者乐水。"水能虚之，方能载舟；舟能虚之，方能载重；人能虚之，方能游世。而不重外物者，更能从容应事。第二层意思是指舟为水上浮道，木叶轮船也叫"水车"、"水马"（《北堂书钞》卷一三七舟上引《抱朴子》）。"涉川无舟不能渡，有舟无楫不能行。"因此，光有渡河的愿望，而无渡河的舟楫，也是行不通的。人生之路，又何尝不是如此呢？

3　舫与中国园林

　　无论是祭游、仿游还是乐游，人的心情总是很愉快的。主观的"心游"与客观的"身游"，观赏他人与被人观赏，人在自然中使自己得到了提升，恢复了内心的平静与从容。

　　轻松的心情与开阔的视野（游船多在水流较为平稳的水域），使人暂时从喧嚣的尘世中退隐，而沉浸于宁静的沉思遐想之中，这是人们喜爱自然、喜爱园林、喜爱划船的一个源于内在心理需求的原因。

3.1 苏州园林

　　如果说中国人对船有感情，那么，江南地区特别是苏州人对船的这份情感就更深。

　　苏州建城于公元前 514 年，距今已有 2500 多年的历史。公元前六世纪中叶，吴王诸樊的长子阖闾继承政权后，在此筑了周长 47 里，有水陆城门各八座的"阖闾大城"。当年八座城门的

阊门　清　徐扬《盛世滋生图》（又称《姑苏繁华图》，图卷长 1241 厘米，宽 36.5 厘米）

名字一直沿用至今。其中盘门水陆城门遗址保存较为完整，是我国现存最典型的一座水陆城门。

修筑水陆城门是源于苏州特殊的自然地理环境。苏州地处烟波浩渺的太湖边，古城四周有著名的石湖、阳澄湖、金鸡湖、黄天荡等湖泊。城区河道纵横，内河与太湖之水相通。水上架桥、桥下行舟，水陆并行，河街相邻，"家家门外泊舟航"，"小桥、流水、人家"，成了古城的一大特色。

绿浪东西南北水，红栏三百九十桥。

——唐·白居易

君到姑苏见，人家尽枕河。
古宫闲地少，水巷小桥多。

——唐·杜荀鹤

苏州又是一个经济繁荣，文化昌盛，人文荟萃的城市。早在春秋时期就有了炼铁业，公元7世纪时，丝织业兴起，"日出万绸，衣被天下"。唐宋年间，苏州已成为全国有名的手工业城市，各路商贾云集，商市盛极一时。经济的繁荣，文人的汇集，使得园林的营造有了可能。故宋代以后，历代都建造了一些园林，其中比较著名的园林有：始建于宋代的沧浪亭、网师园，元代的狮子林，明代的拙政园、留园，清代的怡园、耦园、鹤园、环秀山庄等。在这些现存的园林中，尤为值得注意的是：水上建筑，或临水的建筑，如楼阁、亭榭、廊舫等均较多出现。究其原因，大致有以下三个方面。

清　徐扬　盛世滋生图（又称《姑苏繁华图》）

清　徐扬　盛世滋生图（又称《姑苏繁华图》）

清　徐扬　盛世滋生图（又称《姑苏繁华图》）

　　第一，体验、回味旧时游船饮宴的乐趣。古时从苏州城经山塘街（河道）至虎丘游玩，富有的人都要乘坐画舫、楼船一类的水上游览工具。在这种画舫上可设酒宴，并常伴有弹唱、陪酒的歌妓。而私家园林因水面狭窄，无法在其中享受乘坐这种画舫游玩的乐趣。因此，遂仿造画舫的形式，在水中建石舫，又叫"不系舟"。用石建造，牢固结实不易损坏，且能增添沧桑的气氛，引发人们对水上生活的怀念和想象。

　　第二，取其便利。不系舟是集台、轩、榭、楼于一体的水上构筑物。在功能上，既可临水观景、凭榭坐息，又可登楼眺望。无论天晴下雨，均无日晒雨淋、风浪颠簸之苦，聚友饮宴极为方便，且不费分文，当然受文人喜爱。加上元代、清代为异族统治，汉族文人士大夫地位低下，旧国山河往往触目伤怀，而远离尘世，隐居、游玩于自家园林，则更易获得轻松、愉快的审美感受。

明　沈周　虎丘图　册页（三）　美国克利夫兰艺术馆藏
（引自：国立故宫博物院编辑委员会．海外遗珍　绘画一[M]．122）

　　第三，增加人文情趣。苏州园林大多为文人、画家所建。"临水使人志清"，文人画家对水有一种亲切之感，尤其是处于水乡环境中的苏州文人就更明显了。宋代的沧浪亭、网师园的园名与造景均与水有关。

　　沧浪亭原为唐宋吴越广陵王钱元璙的池馆，后于北宋庆历年间（1041-1048）为诗人苏舜钦（字子美）以四万钱购得，将废

明 朱端
秋船图 美国波
士顿美术馆藏
（引自：海外
中国名画精选
丛书 IV 明代
[M]．112）

园重加修整，临水筑亭，题名"沧浪"，是借楚辞《渔父》之歌："沧浪之水清兮，可以濯吾缨；沧浪之水浊兮，可以濯吾足。"表其"迹与豺狼远，心随鱼鸟闲。吾甘老此境，无暇事机关"，并作《沧浪亭记》，自号"沧浪翁"，从此沧浪亭声名大振。

清代沈复（1736- ？）于《浮生六记》[1]中记叙了中秋之夜与其妻芸同游沧浪亭时的所见所感：

> 过石桥，进门，折东由径而入，叠石成山，林木葱翠。亭在土山之巅；循级至亭心，周望极目可数里，炊烟四起，晚霞灿然。隔岸名近山林，为大宪行台宴集之地，时正谊书院犹未启也。携一毯设亭中，席地环坐。守者烹茶以进。少焉一轮明月，已上树梢，渐觉风生袖底，月到波心，俗虑尘怀，爽然顿释。芸曰："今日之游乐矣。若驾一叶扁舟，往来亭下，不更快哉。"

芸的感叹是有道理的。临水而不能游，好比画饼充饥、望梅止渴，毕竟还隔那么一层。借水易而借船就不那么随心所欲了。因此，水面上置船以备游玩，乃为合物理顺人情之事。

当然，沧浪亭在造园技法（借景）上有其独到之处。"清风明月本无价，近水远山皆有情。"一副楹联将其特色表露无遗。清风明月凑趣，近水远山垂情，其境界之广大，技艺之巧妙，不言而喻。而所用景物唯一亭（沧浪亭）、一楼（看山楼）、一廊（临水复廊），如此简洁干脆的手法，非大家不能为也。

---

[1] （清）沈复 . 浮生六记 [M]. 兰州：甘肃人民出版社，1994

3.1.1 园林中的不系舟

仿舟船的建筑——不系舟应始于南宋，即源于江南，明清之际盛行于江南，并影响其他地方。[1]

最早记有船形建筑的是南宋周密的《武林旧事》，其卷四"故都宫殿"中有"旱船"，"德寿宫"中亦有"旱船"。周密另一著作《癸辛杂识》记载临安(今杭州)集芳园中有"旱船曰'归身'。"

宋代绘画讲求景观的写实，受其影响，宋代的园林构思设计基本上也是以写实的风格为主，融入了创作主体点铁成金的客观想象，景观处理上产生虽无舟楫，却有如泛江湖之意趣。所以，水上设船形建筑，以表水上游玩之乐趣，亦很正常。

元代绘画注重笔墨神情，极力强调人的心境意境。元四大家之一黄公望（ 1269-1354，字子久，号一峰 ）非常重视绘画内容的生动和人胸中逸气的表现。"山坡中可以置房舍，川中可置小艇，从此有生气。"这里的房舍、小艇使得山、川更具有人性。因为有水未必就有人，而有船则必定有人，人从自然中走了出来，以一种独立的姿态出现于画面上、艺术中。这是元代文人山水画的主要特征，它从客观对象的逼真描写提升到表现画家本人的情感，以至陶冶造化以形媚道。

---

[1] 参见：何建中 . 不系之舟——园林石舫漫谈 [J]. 古建园林技术，2011（2）.

3.1.2　不系舟的流行

明末，关于不系舟的记载明显多了，如无锡邹迪光的《愚公谷乘》载："愚公谷"（俗称"邹园"）有"阁前一池，屋跨其上，状如'舸'，曰'半舸'。"北京米万钟的"勺园"，"而跨水之第一屋，曰：'定舫'。""南有屋，形亦如舫，曰'太乙叶'，盖周遭皆白莲花也。"

祁佳彪《越中园亭记》载"苍霞谷""堂之左有楼，望之若雪溪一舫"。周维权《中国古典园林史》中引宋介之《休园记》曰："水池之北岸建屋如舟形"。明代王世贞"弇山园"内亦有"舫屋"。

不系舟典雅而又诙谐的出现在园林景观里，增添了园林的人文气息、生命意识，正契合了宋以后绘画思想发展中以写逸兴为上的转变。不系舟在明代园林中的大量出现，正说明了它作为园林中一种特殊的水上景观建筑的重要，园林的写意象征手法愈加娴熟。

3.2   写实的不系舟

舫俗称"旱船"，也称"船厅"。这是江南园林常用的一种配合水景的建筑样式，它脱胎于画舫、楼船。古代从苏州城经山塘街（河道）至虎丘游玩，或由扬州城至瘦西湖游玩，或在杭州西湖游玩，或在嘉兴南湖等处游玩，富有的人都雇用这类大型水上游览工具。在这种画舫上可设酒宴（船上的酒宴有一种专门的价格昂贵的所谓"船菜"，菜肴、点心量少而质精，花样多至百余种，并常伴以弹唱陪酒的歌妓）。私家园林的水面狭隘，无法在其中乘这种画舫取乐，遂在园中有画舫式建筑的创作。

舫大多设在水边，游人无论从其外部形体还是内部空间都可直接得到画舫、楼船的感受。其形体设计，通常于临水的条石台基上设头舱、中舱、尾舱三个部分。"头舱"较高，多为一轩廊；"中舱"较低，类似水榭；"尾舱"最高，一般设楼阁，可登临眺望。

头舱轩廊之前，取船头甲板之意布置一个小月台。这种形式脱胎于画舫、楼船，但又蕴含着超现实的情调，妙在似与不似之间。

3.2.1　南京煦园——不系舟

　　不系舟是清乾隆十一年（1746）两江总督尹继善为迎接皇帝南巡而建造的。船形若江南的花船，不系舟基座用青石砌成，落于荷花池底。舱部为木质，舱身，门窗，桌椅皆精雕细琢。卷棚屋顶，覆以黄色琉璃瓦，造型古朴雅致。

南京煦园不系舟　唐铭　绘

南京煦园不系舟

南京煦园不系舟

（引自：陈从周 . 中国名园[M]）

3.2.2　苏州拙政园——香洲

香洲（1862-1908）是拙政园中的标志性景观之一，为"舫"式的结构，有两层舱楼。"香洲"名取自《楚辞》典故——"采芳洲兮杜若，将以遗兮下女"。

在中国古典园林众多的不系舟中，拙政园香洲大概称得上是造型最美观的一个。船头荷花台、前舱四方亭、中舱面水榭、船尾野航阁、阁上澄观楼。香洲船头上悬有文征明写的额，后人还专门题了跋。整个建筑线条开朗流畅，宛转有致。

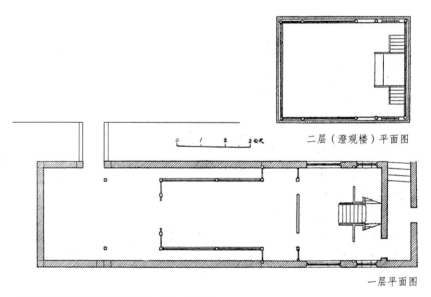

二层（澄观楼）平面图

一层平面图

拙政园香洲及澄观楼平面图（50年代）
（引自：陈从周.苏州园林（汉英对照）[M].上海：上海人民出版社，298）

香洲及澄观楼侧立面

香洲及澄观楼正立面

拙政园香洲及澄观楼立面图

（引自：陈从周．苏州园林（汉英对照）[M].上海：上海人民出版社，299）

中部园景鸟瞰之一

（引自：刘敦桢.苏州古典园林 [M]. 北京：中国建筑工业出版社，1979，30）

清 吴儁《拙政园图》

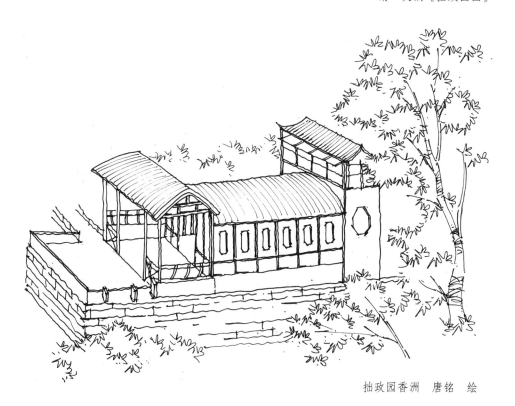

拙政园香洲 唐铭 绘

3.2.3　上海南翔古猗园——不系舟

南翔古漪园不系舟（1573-1619），建于明代嘉靖年间，1947年重建，1996年翻建，由明代江南才子祝允明题额"不系舟"，取义《庄子·列御寇》："巧者劳而知者忧，无能者无所求，饱食而敖游，泛若不系之舟，虚而敖游者也。"比喻自由无所牵挂。不系舟造型奇特，由楼、廊、亭、阁组合，舟面开阔，凭栏可观戏鹅池全景，俯首可赏水中游鱼，古代文人常荟萃于此吟诗作画，故又称书画舫。

"不系舟"基本上仿造了江南水网地区较常见的游船，在石砌的船身上置有前舱、中舱和后楼。船首甲板上，还立着系缆绳的锚柱，前舱中间突出，两侧稍收进，形成"凸"字形平面，屋顶造型也是中间高，两侧稍低，用主次分明的两个歇山顶相叠，

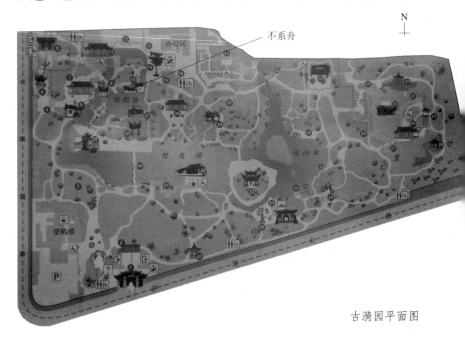

古漪园平面图

古漪园不系舟

不系舟侧面

绘月亭

经幢

不系舟匾额

南翔古猗园不系舟 唐铭 绘

形姿十分美丽轻巧。中舱稍矮，为了便于观景，两侧临水均设曲
栏坐凳，俗称"美人靠"。而顶部则采用朴素的两坡顶，后楼是
船景的收头，挺拔高耸，楼下开小轩窗，楼上与中舱呼应，也统
设美人靠，长窗上灰瓦歇山顶飞檐舒展，曲线优美，与前舱屋顶
曲线相配。

3.2.4 苏州怡园——画舫斋

画舫斋在怡园西北，建筑仿船身样式，分为前舱、中舱、后舱三个部分。

前舱为卷棚歇山顶敞轩，轩前平台上有黄石栏柱和石几一条；轩内设石台、石凳，可以小憩；抱柱悬竹刻对联一副曰："春江万斛若为量，长松百尺不自觉。"

中舱卷棚顶与前舱同样高低，但坡顶方向与前舱、后舱垂直，舱左右共十六扇冰纹扇窗，窗下设宫式花纹尺栏，图案精美。

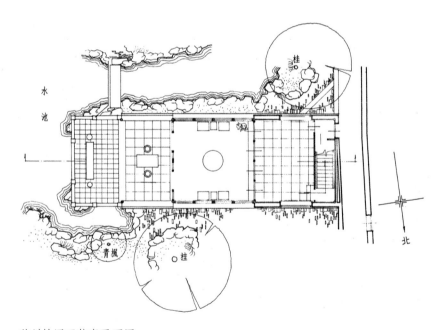

苏州怡园画舫斋平面图
（引自：刘敦桢.苏州古典园林[M].北京：中国建筑工业出版社，1979）

后舱上、下两层，重檐歇山卷棚顶，室内以八扇冰纹落地长窗与中舱隔开，窗上配嵌十六幅图画，左右墙壁，开有六角形窗洞；一应家具陈设，精致得体，正中悬沈秉成手书"舫斋籁有小溪山"。登楼而上，内悬俞椒篆书"碧涧之曲古松之阴"额和集辛幼安词"还我鱼蓑，依然画舫清溪笛；忽呼斗酒，搏得东家种树书"联，皆得缘情体物之妙。

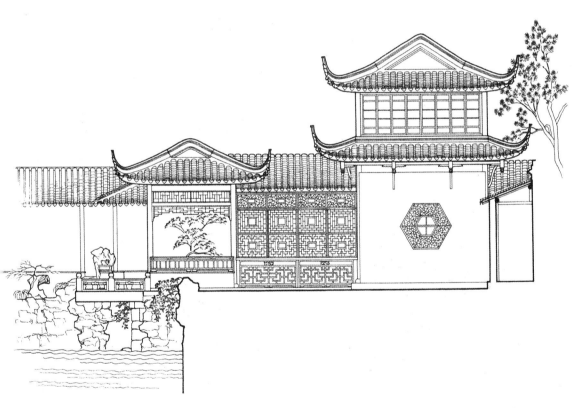

苏州怡园画舫斋侧立面图
（引自：刘敦桢.苏州古典园林[M].北京：中国建筑工业出版社，1979）

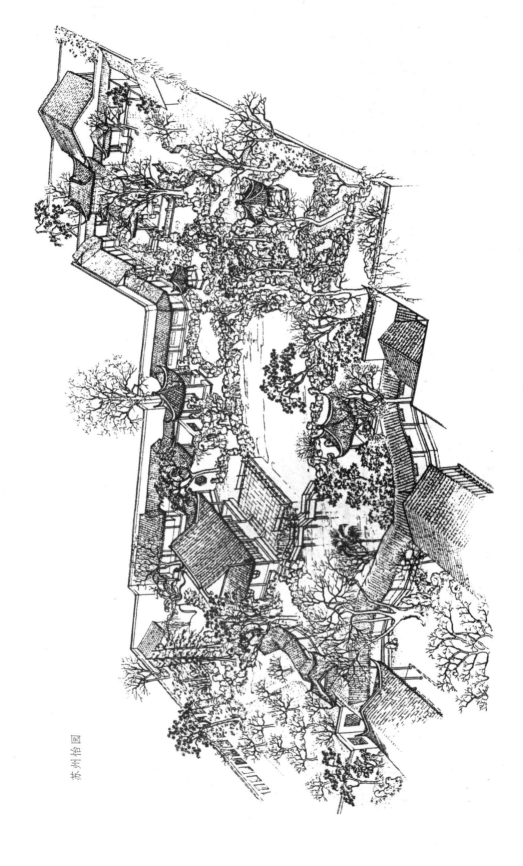

苏州怡园

苏州怡园画舫斋横剖面图
（引自：刘敦桢 . 苏州古典园林 [M]. 北京：中国建筑工业出版社，1979）

苏州怡园画舫斋正立面图
（引自：刘敦桢 . 苏州古典
园林 [M]. 北京：中国建筑工
业出版社，1979）

0　1　2　3M

3.2.5 扬州西园曲水——翔凫

扬州西园曲水在乾隆六十年（1795）成书的《扬州画舫录》里，只有"濯清堂前方池，广十余亩，尽种荷花"的记载，尚未见到不系舟，"翔凫"舫当建于此后。

"翔凫"是保存相对完整的古石舫。《扬州园林品赏录》载："远看石舫，似舟泊烟渚；入舱闲坐，如身在湖中。轻风吹拂，树影摇曳，令人恍如画舟荡漾。"不系舟正面镌刻"翔凫"题额，舫上悬清人刘春池撰写的"两堤花柳全依水，一路楼台直到山"对联。

翔凫正面 唐铭 绘

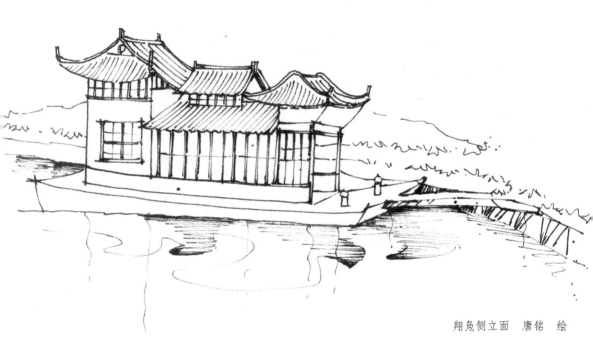

翔凫侧立面 唐铭 绘

3.2.6　吴江退思园——闹红一舸

　　"闹红一舸"为一舫形建筑，船头采用悬山形式，屋顶榜口稍低；船身由湖石托起，外舱地坪紧贴水面。水穿石隙，潺流不绝，仿佛航行于江海之中。

闹红一舸　唐铭　绘

3.2.7　上海南翔檀园——步蘅舸

檀园位于南翔老街内的混堂弄 5 号，在双塔的后面，原来是明代名士李流芳的私家园林。李流芳（1575—1629），明代的诗人文学家、书画篆刻家，原籍安徽歙县，生于嘉定南翔，万历丙午举人，为人耿直，与唐时升、娄坚、程嘉燧合称"嘉定四君子"他和松江画派董其昌，以及陈继儒、杨文聪、王时敏、王鉴、程嘉燧、张学曾、卞文瑜、邵弥等合为"画中九友"，因魏忠贤乱政，曾三度赴京参加殿试皆不第，遂自建"檀园"，读书其中，绝意仕途。该园毁于明清易代之际的"嘉定三屠"，2011 年南翔镇做了恢复性的重建。

檀园大门朝北，古色古香，门额上书"檀园"，走进大门迎面是"次醉厅"，李流芳与文人墨客相聚的场所，他们在此饮酒作画，纵论天下事，厅内壁上有画"九友图"，厅前有一块巨石，上刻"峥骨"二字，显示其人的性格。穿过次醉厅，是一个葫芦形水池名为"芙蓉沜"，池上有九曲桥，池内有鱼，水边有不系舟——步蘅舸。

步蘅舸的设计分前、中、后三舱，前舱置舫楼。中舱是下沉式船舱，低于外水平面，底板为船基板，并可起落。后舱高起为重楼。前舱与后舱外观是水平台面以上，但实际上下面也是虚的空间。

檀园步蘅舸

步蘅舸的室内设计全部是木结构，四周全部是花格木门窗装饰，隔舱板为花夹板，落地门罩，架空船底板，直仿船形，内部有高低上下，造型别致而生动，这也是江南园林的直接模仿而又有新的创造。小小一只船舫，有五个楼梯，贯穿于前、中、后三舱，上、中、下三层，增强了游客的观赏性和趣味性。

步蘅舸三面环水，并与周围的亭台楼阁互相呼应，和谐而又得体。"石舫旧貌换新颜，行舟破浪可乘风"，独倚船楼观山景，四野美色皆收尽。

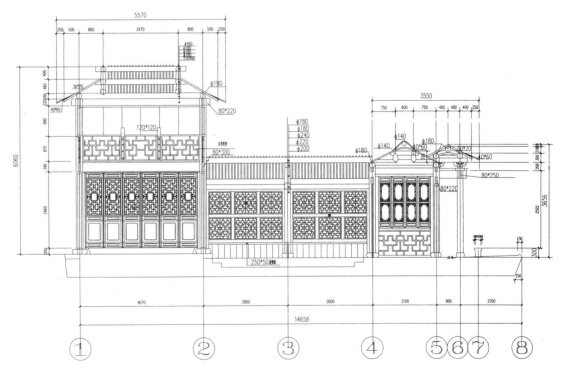

上海南翔檀园步蘅舸立面图
（引自：瞿德龙. 檀园 旧址新园[M]. 上海：同济大学出版社，2012）

古檀园概貌

新檀园概貌

（引自：瞿德龙．檀园 旧址新园[M]．上海：同济大学出版社，2012）

3.2.8 北京颐和园——清晏舫

清宴舫，是取"海清河晏"之意，始建于清乾隆二十年（1755），造型仿自江南园林中的"舫"式建筑，全长36米，船体全部用巨大石块雕砌而成。

起初不系舟上建有中国传统式样的木构舱楼，分前、中、后舱，后舱为2层。1860年英法联军入侵，舫上的中式舱楼毁于战火。

慈禧太后重修时，改以法国游艇式样，并于船身加上石轮。舫上洋式楼房，绘有西洋彩画。南、北各接抱厦1间。北面船头抱厦2层处为平台，船尾抱厦通2层。舱内花砖铺地，窗上镶嵌五色玻璃，顶部用砖雕装饰，并采用内排水的方法，使舱楼顶上承接的雨水，通过四角的四根空心柱，由船体上的龙头口内泻入湖中。

清晏舫在造型上融中、西游船风格于一体，在环境处理上与颐和园昆明湖的浩瀚水面比较和谐。虽无江南园林中"不系舟"萧散自在的气度，然而却"美哉轮焉，美哉奂焉"。

颐和园清晏舫图
（引自：清华大学建筑学院．颐和园 [M]．北京：中国建筑工业出版社，2001）

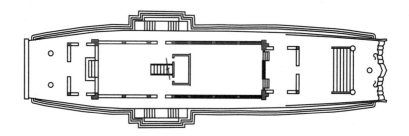

平面图

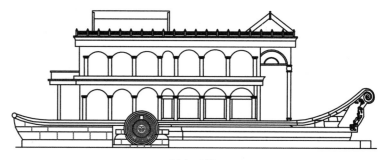

侧立面图

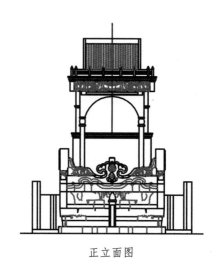

正立面图

颐和园清晏舫图（上海精桐设计提供）

3.2.9　苏州狮子林——石舫

位于狮子林水池西北，建于民国初年。舫身四面皆在水中，船首有小石板桥与池岸相通，犹如跳板。船身、梁柱、屋顶为石构，门窗、挂落、装修为木制。

前舱耸起，屋顶呈弧形曲面，中舱低平，屋顶为平台，尾舱上下二层，有楼梯相通。石舫上书对联："柳絮池塘春暖，藕花风露宵凉。"石舫制作精巧，造型逼真，细部花饰已带有一些西洋风味。

苏州狮子林石舫

3.2.10　广州番禺宝墨园——紫洞舫

宝墨园的这艘"紫洞舫"，仿照古旧"紫洞艇"的外形、尺寸以及内部结构而造，用料讲究，造工精致，充分体现出昔日"紫洞艇"的豪华、气派。

历史上的"紫洞艇"是明末清初南海县紫洞乡人麦耀千在广州做官时，为方便出入特意请人造的。后来，广州的富贵人家相继仿造，这种船也逐渐演变成一种有钱人家的高级水上酒舫。

"紫洞舫"全长 21 米，宽 6.8 米，高 8.7 米，共分两层。第一层设有歌曲茶座，船头宽敞，可以坐立观景，船尾设有厨房。第二层是客厅，窗明几净，摆有宫廷桌椅，雕龙刻凤的木制屏风，非常精美。整艘船华贵典雅，气派十足。

宝墨园紫洞舫 刘庭风 摄

宝墨园石舫 刘庭风 摄

3.3　写意的不系舟

写意的船舫其造型不完全摹仿画舫、楼船，而只是取舟舸之意。处理方式有两种：一种是以外部空间的临水和内部空间的纵长或和合窗（半窗）的形式勾起人们对画舫、楼船的联想。

嘉定秋霞圃"舟而不游轩"是较为接近船舫的建筑，只是没有"尾舱"——楼阁。常州近园"虚舟"则只是在硬山式花厅的封护山墙出厦，从而形成临湖前轩，略具舫的意味。至于苏州畅园船厅——"涤我尘襟"的处理，主要是利用了临水的和合窗，而给人以舷窗的联想而已。

另一种船舫形式则比较抽象，是布置在陆地上的，靠建筑处理上的某些技法或匾额的提示，给人以画舫的联想。如上海豫园设于封闭庭院中的"亦舫"，虽然脱离了水景环境，但其造型则保持了与画舫的联系——在石砌台基上略示了船舷形，仿佛舷窗的和合窗，整个体形、空间略如画舫，加上"亦舫"的题名，使人犹如置身画舫，产生荡漾于碧波之上的联想。

3.3.1　嘉定秋霞圃——舟而不游轩

秋霞圃以狭长水面为中心，水池西北以建筑为主，有四面厅，名"山光潭影"。厅西有黄石假山，山上筑亭，曰"即山"；登亭可俯瞰全园，还可远眺。假山下有山洞，曰"归云"；山北有轩，曰"延绿"。

水池之南有假山、泉流，水好似从山中流出，自然得体。假山上有植物葱郁，疏密有致，若身临其境，顿觉景色幽深。北岩临水有"朴水亭"。西部有"丛桂轩"，位于水尽端面水处，其南为"池上草堂"，折向东，有"舟而不游轩"。

"舟而不游轩"建于池南一湾中，原是饮茶、弈棋和垂钓、观鱼的地方。其外形与舫相近，只是没有"尾舱"——楼阁。

本文图片为曾广钧摄。

题青渡景点

舟而不游轩侧面

嘉定秋霞圃舟而不游轩　唐铭　绘

由舟而不游轩望碧光亭

3.2.2　常州近园——虚舟

常州近园，又名静园、恽家花园，坐落在常州市长生巷 7 号的常州宾馆之内，是江南地区最具明末清初风格的园林。

园主杨兆鲁（清顺治年间进士），在外为官多年，于康熙六年（1667 年）因病还乡。还乡后的杨兆鲁看中了龙城书院注经堂后的废地，面积约有六七亩，于是买下废地建园筑宅，凿池堆山。历时五年，已"近乎园"，主人故将此园谓之"近园"。

近园南北长 80 米，东西宽 64 米，虽只不过区区数亩的面积，然则构思奇巧，穷尽画理，山峦花径，楚楚可人，浓缩了明清园林的精华所在。近园中的山水花木，亭台楼榭，精细而雅致。园内开池掇山，园之中央为全园最高处，周围环水，假山上筑亭一座，名"见一亭"；池周环以亭、台、楼、轩等建筑，环山绕水，错落有致，比例适中。其北面的"西野草堂"傍水而建，是主人宴请宾客之地。东侧廊墙内嵌有名人书条石 30 幅。一路下去是"虚舟"、"容膝居"、小径往还，清幽自然。西南方向有"天香阁"、以及临水的"得月轩"。再向北行便是"秋水亭"。

杨兆鲁筑园，一方面是为了告老还乡后图个悠闲生活，另一方面是为了寄托自己的一番情怀。园成以后，杨兆鲁便邀王石谷、恽南田、笪重光等书画名家在园中雅聚，作画题诗。杨兆鲁自撰《近

本文常州近园图片为曾广钧摄。

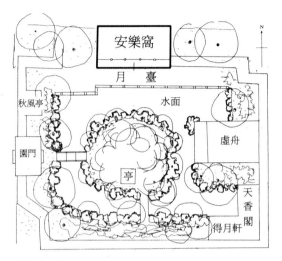

近园平面图

（引自：杨鸿勋.江南园林论[M].上海：人民出版社，1994，294）

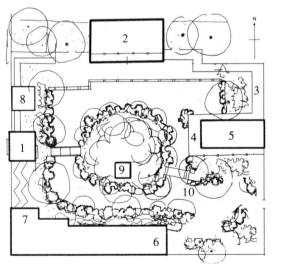

1. 园门
2. 西野草堂
3. 碑廊
4. 虚舟
5. 容膝居
6. 天香阁
7. 得月轩
8. 秋水亭
9. 见一亭
10. 母子桥

近园平面图

（2015年1月实地考察近园而画的平面图）

园记》，王石谷作《近园图》，笪重光题跋。清初书画巨子相聚常郡，可谓盛事，一度成为州人佳话。

世事盛极必有衰。清同治初，近园已归士绅刘云樵所有。至清光绪十一年（1885年），邑人恽彦琦又以6万两银从刘家购得，经恽氏修葺后改称"静园"，时人又称"恽家花园"。近园现已为全国重点文物保护单位。

虚舟匾额

虚舟侧廊

由母子桥看虚舟

秋水亭

近园大门

西野草堂

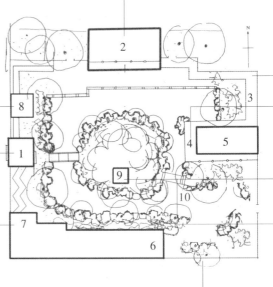

天香阁

天香阁前叠石

152

碑廊

虚舟、容膝居

见一亭内景

母子桥（俗称）

天香阁、得月轩景观

由西野草堂看虚舟

由山顶观虚舟

附：近园记

〔清〕杨兆鲁

　　有客过"近园"，谓予曰："人生天地间，一身之外，非吾有也，皆可以远名之。何况游目托迹之所，草木禽鱼，至辽廓不亲切之物，与吾身何与[1]？而子谓之近，岂不谬哉！"予曰："不然。夫远近亦何尝之有？性情骛[2]乎远，则浮江河、涉五岳，且欲翱翔于凌虚之台[3]，驰骤于阆风之圃[4]者有之。予也，蒲柳也，鹪鹩也，一亩之宫，可以栖迟偃息，禽鱼草木，皆吾陶情适性之具，又何远之足云？自抱病归来，于"注经堂"后，买废地六、七亩，经营相度，历五年于兹，近似乎园，故题曰："近园"。其中为堂，则"西野草堂"也，不过三楹，可以宴客。其南则"见一亭"，前垒石作假山；后作小台，植牡丹数本，窗棂轩敞，表里相望。折而西，则"竹深处"。由此而进，题曰："药栏乘兴"。左有"天香阁"，右有"安乐窝"。临池有"得月轩"，绿水沦涟，游鱼与波光上下，此予读书吟钓处也。又折而北，则"秋水亭"，回廊匝绕。又北，则鉴湖一曲，迤逦而东，过"虚舟"，入"容膝居"，

---

[1] 与：帮助。
[2] 骛（wù）：通"务"。追求。
[3] 凌虚之台：苏轼于陕西终南山筑凌虚台，并作《凌虚台记》。
[4] 阆风之圃：传说中仙人的居所。

渡小桥，到"三梧亭"。亭下有"垂纶洞"，石磴参差，古木蓊郁，亦城市山林小憩之所也。西南，则"四松轩"、"欲语阁"。留片地为"菊圃"。园中之木，高柳、疏榆、冬青、石楠、山之海榴、紫薇、翠柏、枣、柿、梨、栗、桃、李、桐、桂之本，高下数百株。其花，则蛱蝶、杜鹃、长春、芍药，四时开落，约数十种。虽不及东皋[5]之别墅，鸣珂[6]之盘涧[7]，亦庶几寄吾身于一壑之内，而吾意悠然矣。

　　壬子秋日[8]，虞山王石谷为予写《近园图》[9]，因作《记》[10]。

---

　　[5] 东皋：陶渊明《归去来兮辞》云："登东皋以舒啸，临清流而赋诗。"后隋唐之际的王绩（约586—644），慕陶渊明之为人，隐居于故乡，尝耕于东皋，号东皋子。

　　[6] 鸣珂：据《新唐书·张嘉祐传》，嘉祐昆弟贵盛，每上朝，轩盖驺导满巷，时号所居坊曰"鸣珂里"。

　　[7] 盘涧：意谓寻乐处《诗经·卫风·考槃》："考槃在涧。"毛传云："槃，乐也。"盘，通槃。此处两句话泛指隐居高士和达官显贵的盘桓游处之所。

　　[8] 壬子：此为顺治十一年，1672年。

　　[9] 王石谷：王翚（1632—1717），清江苏常熟人，字石谷，号耕烟散人、乌目山人、清晖主人等。擅画山水。作品多仿古，清丽深秀。曾主绘康熙《南巡图》，声名益著。弟子众多，称"虞山派"。

　　[10] 本文录自《遂初堂文集》卷四，康熙十三年刻本。转引自：陈从周，蒋启霆. 园综 [M]. 新版. 赵厚均，校订，注释. 上海：同济大学出版社 2011.117-118.

3.3.3 常州意园——船厅

在常州市区后北岸 4-8 号。原为清康熙年间状元赵熊诏府邸花园。有宅第 28 进，占半条县学街。其后人赵怀玉曾于此建"方玉堂"、"云窝"及水阁、亭榭等景点。太平军占领常州后设圣库，英王陈玉成曾在此驻节。同治三年（1864）四月初六，李鸿章军攻陷常州，抢劫圣库，焚烧房屋，仅存头门、大厅及魁星阁。

光绪十二年（1886）园归县令史干甫。史加以改建，集蔡襄书"以意为之"四字为额，遂称"意园"。筑垣墙，以漏窗隔成内外园。内园有花厅、假山，分呈四季之景；外园有延桂山房、明月廊、鱼池、亭榭、船厅及临溪之望云水榭等。廊壁嵌有米芾、蔡襄等历代名家书法石刻十余方。为市级文物保护单位。

意园保护标志

本文常州意园图片为曾广钧摄。

1. 魁星阁　　8. 望云水榭
2. 船厅　　　9. 鱼池
3. 延桂山房　10. 史干甫宅
4. 花厅　　　11. 石笋景观
5. 明月廊　　12. 花台漏窗
6. 方亭　　　13. 内园
7. 半亭　　　14. 外园

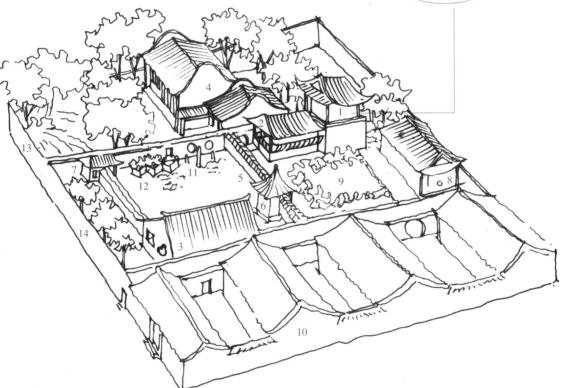

意园复原示意图（据常州市文管所图以及实地考察所绘）

船厅前门洞上的"溪山小隐"石碑　张勇　摄

屋顶瓦当

3.3.4　苏州畅园——涤我尘襟

畅园造园手法细腻，面积虽小，而布局巧妙，园景丰富而多层次。全园以水池为中心，池周绕以厅堂、亭廊假山、花木。水池狭长，南端斜架曲桥，使水一分为二。

池周黄石驳岸，花木扶疏，古朴有致。池北主厅为留云山房，临池平台宽敞，西侧曲廊通船厅——"涤我尘襟"。

"涤我尘襟"船厅，贴池而建，沿廊望南，经面向小池的方亭，可见园西南角的湖石假山，上置待月亭，与爬山曲廊相连，利用临水的和合窗，给人以舷窗的联想。

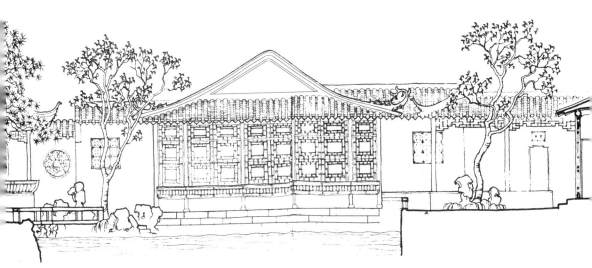

苏州畅园船厅——涤我尘襟

（引自：刘敦桢. 苏州古典园林 [M]. 北京：中国建筑工业出版社，1979）

3.3.5　苏州环秀山庄——补秋舫

环秀山庄凿池引水，富有情趣，使得山有脉，水有源，山分水，又以水分山，水绕山转，山因水活，咫尺园景却富有生机。

水池在园之西、南，盘曲如带，又有水谷二道深入南、北假山中，蜿蜒深邃，益增变化。水上架曲桥飞梁，以为交通。北面之补秋舫，前临山池，后依小院，附近浓荫蔽日，峰石嵯峨，为园中幽静之所在。"补秋舫"（补秋山房）只是一个外形如画舫的水阁。

补秋山房

0 1   5 M

苏州环秀山庄的补秋舫（补秋山房）

（引自：刘敦桢 . 苏州古典园林 [M]. 北京：中国建筑工业出版社，1979）

3.3.6 上海豫园——亦舫

上海豫园中的"亦舫"则更为抽象，它完全脱离了水的环境
而设于封闭的庭院中。但在造型上却保持了与画舫的联系——在
石砌的台基上，略示了船舷、模仿舷窗的和合窗，以及形体、空

上海豫园中的亦舫内部
（引自：上海豫园管理处．豫园[M].上海：上海人民美术出版，2006，45）

164

间上与画舫相似的布局与组合，加上"亦舫"的题名和旱园水作（以砖铺地象水）的造园技法。自然而然就给人以浮波荡漾的暗示与联想。

外型如舟的船厅——亦舫

（引自：上海豫园管理处．豫园（风光篇）[M]．上海：上海人民美术出版，1999，39）

亦舫（登陆有跳板踏步）
（引自：上海豫园管理处．豫园（风光篇）[M].上海：上海人民美术出版，1999，39）

3.3.7　扬州寄啸山庄——船厅

寄啸山庄是晚清扬州最有特色的一座名园。清朝光绪年间，园主何芷舠于光绪九年离任后归隐扬州，购得"片石山房"旧址，扩建后题名为"寄啸山庄"，又因园主人姓何，俗称何家花园，简称"何园"。

何园分为东园和西园两部分，以两层串楼和复廊与前面的住宅连成一体。东园的院里可以看到一个圆洞门。圆洞门上的题字为"寄啸山庄"。

东园的主要建筑是四面厅，为一船厅，单檐歇山式，带回廊，厅似船形，四面有窗，台阶前铺就的鹅卵石与瓦片有水波状的花纹，给人以水居的意境。

船厅正厅两旁的柱上有木刻对联："月作主人梅作客，花为四壁船为家"。船厅之北有假山贴墙而筑，参差蜿蜒，妙趣横生；东有一六角小亭，背倚粉墙；西有石阶婉转通往楼廊；南边建有五间厅堂，三面有廊。

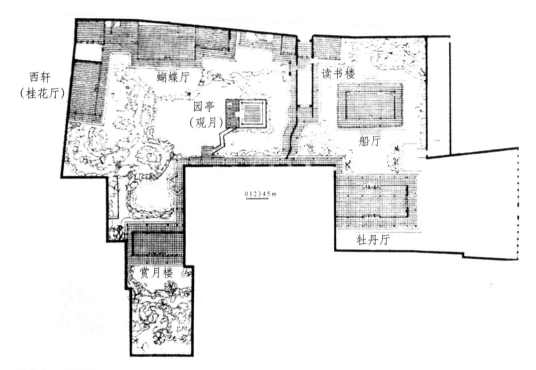

西轩
（桂花厅）

蝴蝶厅

读书楼

园亭
（观月）

船厅

0 1 2 3 4 5 m

牡丹厅

赏月楼

寄啸山庄平面图

本文三张图均引自：陈从周．扬州园林（汉日对照）[M]．路秉杰，（日）
村上泰昭，沈丽华，译，上海：同济大学出版社，2007，85.

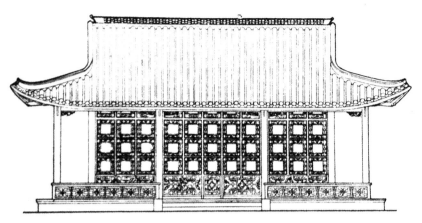

四面厅南立面图

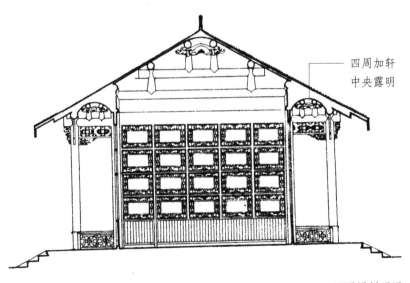

四周加轩
中央露明

四面厅剖面图

穿过圆洞门，迎面就是西园池中央的水心亭。水心亭是一座中国仅有的水上戏台。在上面轻歌曼舞，可以巧妙的借助水面与走廊的回声，起到增强音响的共鸣效果。

何园的复道回廊分上下两层，或直或曲，贯穿全园，全长1500多米，被誉为中国立交桥雏形。而复道回廊上的花窗被称为"天下第一窗"。造型阔大，气宇轩昂，绕廊赏景，步移景异，是园林花窗中罕见的极品。

串楼是何园建筑艺术的最大特色，"四面串楼环水抱，几堆假山叹自然。"串楼复廊逶迤曲折，延伸不断。串楼长400余米，绕园一周。在串楼的窗格和壁板上刻有苏东坡、唐伯虎、郑板桥等人诗画，回廊墙壁石碑上嵌有古人的诗句。回廊上的"观园镜"，可通观全园景色，给人以"山外青山楼外楼"的景观印象。

楼旁与复道廊相连，并与假山贯串分隔，池东有石桥，与水心亭贯通；亭南曲桥抚波，与平台相连；一组假山逶迤向南，峰峦叠嶂，后面有黄石假山，草繁树茂。山石小道，野趣佳妙。池西的复廊南侧有一幢的两层小楼（赏月楼），独占小院的一隅，楼前山石峻峨清静幽雅，由此再往南即为园主人当年的住宅生活区了。

3.3.8　台湾板桥林家花园——月波水榭

板桥林家花园被公认为清代台湾园林的代表作，总面积达5万多平方米，是清代台湾规模最大的私家宅第。

园内建有白花厅、汲古书屋、方斋、戏台、观稼楼、香玉簃、月波水榭等，三步一阁，五步一楼，设计构思精巧，园景变化多端。"汲古书屋"、"方鉴斋"前有水池与戏台，相传是林维源与文人墨客周旋之处。"来青阁"为两层楼建筑，为林家招待宾客之地，亦为贵宾下榻之处，楼前有轩名"开轩一笑"，是戏台。"香玉簃"是观赏陆桥与定静堂之间百花之所，每至秋间，有红、白、黄等菊花盛开，供人观赏。"观稼楼"为两层建筑，光绪三十三年（1907）倒塌，今代之以小亭。

月波水榭（为舫式建筑）呈双菱形相连之建筑，四周水池环绕，是妇女垂钓玩乐之地。"定静堂"为花园中最大之建筑物，是招待贵宾及开盛大宴会之处。"榕荫大池"在定静堂西，池北有漳州山水之假山，池旁另有"海花陈"、"钓鱼矶"、"海棠池"、"云锦淙"等景，整个园邸颇能表现清末我国庭园设计之水准。

庭园设计雅致，安排自然，不露斧痕。整个庭园分成九区，每区皆有主题特色，分区间用屋、墙、假山、陆桥或是水池为屏障，使人无法一眼望见全部美景，具有在有限的空间中表现出无限的层次的感觉。

台湾板桥林家花园临水的双亭（也有不系舟之意） 贝蕾 摄

台湾板桥花园月波水榭（舫） 刘庭风 摄

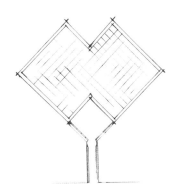

板桥花园月波水榭（舫）平面示意图

台湾板桥林家花园月波水榭（舫）　贝蕾　摄

台湾板桥花园月波水榭（舫）　唐铭　绘

3.3.9 昆明莲花池——问渔舫

莲花池位于昆明市区北部、圆通山西北面，商山下，池侧有水口，水满时流入盘龙江。据史料记载：莲花池源于唐代，到了明朝初年就是"滇阳六景"之一，有"龙池跃金"的美誉。传说池里有五个龙眼，百年来一直是清泉涌流。

莲花池整个景区以开敞的景观环境为主，沿湖分散设置临水景观建筑。设计风格在以江南园林风格为主的基础上，由北向南将构造安阜园门、玉石玲珑、翠海妆楼、龙池跃鱼、莲池沉香、高山桃林、永历遗冢、长桥波飞、荷月黄昏、盛世花潮的"莲花十景"。整个设计风格大多为"集景式"园林，结合莲花池与陈圆圆有关的历史典故，运用"题景"手法来造景。

昆明莲花池问渔舫　刘庭风　摄

昆明莲花池问渔舫　唐铭　绘

3.3.10　新都桂湖——杭秋

　　桂湖位于四川省成都市新都区，桂湖始建于初唐，原名"南亭"，因荷花和桂花独具特色而闻名全国，被誉为全国八大荷花观赏胜地和五大桂花观赏胜地之一。"红莲一朵千秋艳，金桂满城万里香"是新都桂湖独有的魅力。

　　杭秋是一座小青瓦卷棚式的木构廊桥，位于升庵祠的南侧，形如一只浮在水上的游舫。置身其中，两侧水面盛开的红荷尽收眼底，诗情画意油然而生。

四川成都新都桂湖杭秋　刘庭风　摄

新都桂湖杭秋　刘庭风　摄

3.4　不系舟集锦

在现代园林中，不系舟的运用极为普遍，写实的、写意的均有。

不系舟在现代园林中一般多布置在水面上，其功能不仅用于点景、观景，还可作为茶室、餐厅、码头等用。

园林中的舫式建筑很受游人的喜爱，所以，即便在小型的园林中，亦常常会建造不系舟。其造型、装饰不同，风格亦各异。

不系舟这种形式的确立，在一开始建造的那一瞬间，艺术的创造原理就已经在起作用了。历史的、民族的、个人的技术才能和情感、想象力都凝聚在不系舟的建造中，从而使其发展成为中国园林中一个较为成熟的"艺术符号"。

3.4.1　上海和平公园——玉石舫

和平公园位于上海市虹口区中部偏东，大连路 1131 号，控江路口。公园占地 264 亩，其中水面积为 50 亩。1958 年 8 月兴建，以区名命名"提篮公园"。1959 年在园内塑造象征和平的大型石雕——和平鸽，因而更名为"和平公园"。园内有百花园、花果山、湖心亭等景点以及动物馆、水族馆、展览馆等建筑及多种活动设施。

和平公园是为新设计的沪东工人住宅区（即四大新村，鞍山、凤城、控江和长白新村。其中鞍山新村最大，凤城新村最小）而

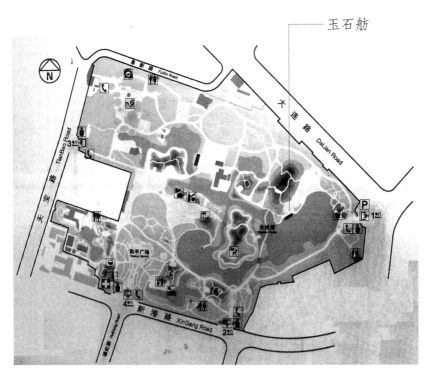

上海和平公园平面图

建的。和平公园中有山，有水，有茶室和小桥流水，但陈从周先生不满意，提出要有古典园林的味道，希望扩建点园林建筑，所以陈从周推荐介绍，由当时在同济大学建筑系做建筑模型的苏州香山帮顾祥甫、贾师傅建一个不系舟，和平公园同意建造。这是苏州园林的遗风遗物在上海的流传。

同济大学路秉杰教授说：同济大学建筑系顾祥甫等人还做了一个船舫，高度约一米左右，比例很大，利用苏州拆卸的旧木料甚至是楠木做了一些建筑模型，鸳鸯厅（拙政园，三十六鸳鸯馆）、扇面亭（拙政园，与谁同坐轩）、六角亭（今存）、燕誉堂（狮子林，贝家祠堂，两边有封火山墙，有色彩）、大殿（苏州灵岩山，灵岩山寺庙，1:10）、歇山顶梁架施工模型（带鹰架，即脚手架），其中最精美的就是画舫，后来因为支架不牢被学生下课时挤倒摔碎了。

和平公园玉石舫

顾祥甫师傅制作的不系舟图　海盐南北湖陈从周艺术馆收藏

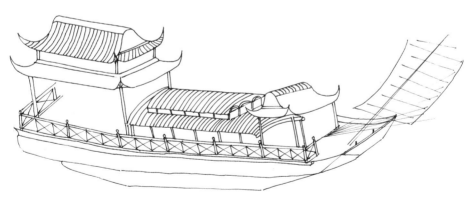

顾祥甫师傅制作的不系舟图　唐铭　绘

和平公园玉石舫　曾广钧　摄

3.4.2 眉山三苏祠——不系舟

三苏祠位于四川省眉山市城西，是中国著名文学家苏洵、苏轼、苏辙的故居。现成为占地 100 亩的古典园林。庭院红墙环抱，绿水萦绕，古木扶疏，翠竹掩映，形成三分水二分竹的岛居特色。楼台亭榭，古朴典雅；匾额对联，词意隽永。

园林内有不系舟一座，建于 1927 年。不系舟为不系舟式建筑，异形歇山式，小青瓦屋面。总长 20 米，最宽处为 5.5 米，共 11 根柱子。船头向东，有石跳板可上下船亭。船头有桂花一株，胸径近 30 厘米，恰如撑船的篙竿。船头为平台，到船舱有两级台阶，船舱边缘设木质飞来椅。

四川眉山三苏祠不系舟　刘庭风　摄

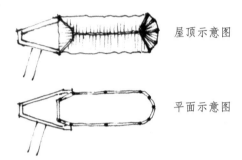

屋顶示意图

平面示意图

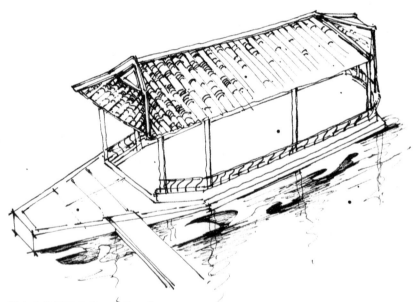

眉山三苏祠不系舟　唐铭　绘

3.4.3　大理张家花园——点苍雪霁舫

大理张家花园秉承大理白族民居的建筑历史，是把白族民居同私家花园、住宅园林相结合、体现大理风花雪月大花园中的园中之园。

张家花园以园林建筑为切入点，园与居在这里交融；心灵与自然在这里嵌合。"六合同春"建筑圆了白族榆商马蹄下百年期盼与梦想。张家花园的白族民居是艺术与美的融合，包容性的西洋式建筑"三坊一照壁"、颇具民族特色的"三道茶"表演、融入经典苏州园林荣亚文化的"海棠春院"后花园，构成了张家花园独具特色的"风花雪月"之美，成功地再现了南诏大理国白族民居的建筑遗风。

云南大理张家花园点苍雪霁舫　唐铭　绘

云南大理张家花园点苍雪霁舫　刘庭风　摄

3.4.4　惠州西湖公园——不系舟

　　惠州西湖公园位于广东省东南部惠州市惠城中心区，由西湖和红花湖景区组成，素以五湖、六桥、十四景而闻名。

　　五湖是指形成西湖的五个相连的湖泊，即"菱湖、鳄湖、平湖、丰湖、南湖"，群山环碧，林木青葱，水色山光，渚台亭榭交辉相映，景色天然。

　　六桥指"烟霞桥、拱北桥、西新桥、明圣桥、园通桥、迎仙桥"它们清幽秀丽，飘然尘埃之外，桥上可静观湖光山色，看柳色生烟，群鸟飞翔，一派诗情画意。

　　另外，公园水面上还有一座不系舟，体型较大，与水面颇为相称，互为辉映。

广东惠州西湖公园不系舟　刘庭风　摄

3.4.5 桂林虞山公园——不系舟

虞山公园位于广西壮族自治区桂林市市区北部的北极广场和虞山桥附近,因其内有虞山、虞帝庙而得名。

虞山历史悠久,人文景观众多,历史文化积淀丰厚。相传四千多年前,华夏文明始祖之一的虞帝南巡曾到这里,秦人立碑纪念,延续至今已有 2000 多年的历史。

虞山公园整体大而细致,规划面积 1.2 万平方米,是桂林市最美、最大的仿古园林。其造园手法别具一格,风格独特,精巧雅致,传统与现代相结合,东方和西方互兼容。

公园分为南北两个景区,南园景区主体气势恢弘,而北园景区充满现代气息,主要景点有虞帝庙、怡沁园、三绝碑、五福塔、闻韶楼、韵音洞、九重天、美泉宫等。园中还建有一座不系舟,样式精巧,为公园水景增色不少。

广西桂林虞山公园不系舟　刘庭风　摄

3.4.6　成都邛崃文君井——船舫

　　文君井位于四川成都邛崃市临邛镇里仁街，相传为司马相如与卓文君当垆卖酒之处。现已发展成为一座小型公园，占地面积6000余平方米，在井台周边设有琴台、文君梳妆台、当垆亭、酒肆、听雨轩等纪念性建筑。园内有一座船舫建筑，前舱悬挂对联一副："一从司马求凤后，千古风流说到今。"船舫侧面有楼梯可登"漾虚楼"观景。

文君井船舫　唐铭　绘

邛崃文君井船舫（漾虚楼）　刘庭风　摄

邛崃文君井船舫　刘庭风　摄

3.4.7　苏州惠荫园——渔舫

苏州惠荫园的资料在《江南园林志》一书中有介绍：

　　惠荫园（图版七）　即安徽会馆，在玄妙观东，本明归氏园。清初易为韩氏洽隐园，乾隆十六年重修，有小林屋洞壑乃明末周秉忠所作，最为胜景。后归倪氏。同治五年，属安徽会馆，改名惠荫。翌年又购入西北隙地为山池，共成八景。园之南部，高下曲折，洞壑幽深，上置重阁。今之栖云处，即小林屋一带地，昔日之琴台犹存焉。稍北方池围廊，敞轩数进，渐就凋敝，有待修补。

苏州惠荫园的"渔舫"更抽象，它仅是一种小型的堂轩建筑，其空间并不类似画舫之狭长，但用了近似舱房的前方通敞、左右和合窗的处理，结合题名及可望水景而达到神似。

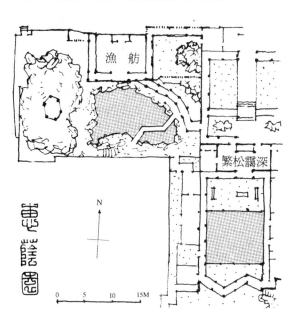

苏州惠荫园渔舫
平面示意图
（引自：童寯．江南园林志[M]．1984，35）

3.4.8 四川绵阳西山公园——船舫

西山风景名胜区，位于市区西面凤凰山，占地 600 余亩，是以"西蜀子云亭"为中心、文物古迹与园林景观相结合的风景名胜区。

这里集名亭、古墓、寺观、秀山、碧水于一体，茂林修竹，景色优美。主要景观有扬雄读书台、子云亭、玉女泉、玉女湖、蒋琬墓、恭侯祠、仙云观、营盘嘴和凤尾湖等。园内有一座不系舟，造型精美独特。

四川绵阳西山公园船舫　刘庭风　摄

3.4.9 上海九果园——红萝画舫

上海九果园的资料在《江南园林志》[1]一书中有介绍：

> 九果园（图版拾伍），清光绪年间吴文涛所构，在曹家
> 渡。占地虽小，而位于吴淞江岸，形势颇胜。惜被杂居割据，
> 秽败不堪。园有果树九本，故名"九果园"，亦名"吴园"。

> 九果园中有望江楼（借吴淞江外景）、绍修堂（正对假山及
> 六角亭），园内有水面曲折蜿蜒，近水处有红萝画舫一座，还有
> 五曲桥横跨水面，园景优美（见图）。

> 上海九果园的红萝画舫，它是靠前方设长窗（槅扇）、两侧
> 设半窗半墙的纵长空间给人以画舫的感受。这一建筑虽不临水，
> 但近水面，可观赏水景，再结合建筑的题名，更加强了画舫的情趣。

---

[1]《江南园林志》是一本论述和介绍中国苏、杭、沪、宁一带古典园林的
专门著作。作者是建筑学家——童寯先生在抗日战争前遍访江南名园，进行实
地考察和测绘摄影，以多年研究心得于1937年写成此书，书中介绍了当时尚存
于世的江南园林49座，其中就有九果园。
《江南园林志》1963年由中国工业出版社出版。1984年，由北京中国建筑
工业出版社再版。

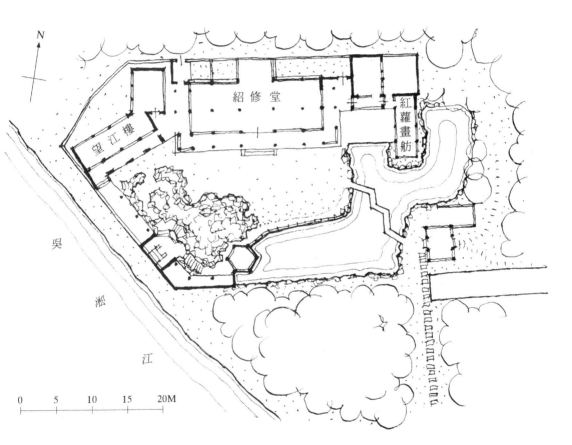

N

紹修堂

望江樓

紅蘿畫舫

吳

淞

江

0   5   10   15   20M

上海九果园红萝画舫平面示意图
（引自：童寯.江南园林志[M].北京：中国建筑工业出版社，1984）

4　海外园林中的舫

中国古典园林数千年来在中华大地上孕育、发展，她以独特的技法和内涵，形成了自己的艺术风格，从而在世界园林艺术的长廊中独树一帜。

自 1980 年美国大都会博物馆的明轩建造以来，海外中国园林的建设蓬勃发展，中国传统的园林艺术亦被世界各国人民所认可和欣赏，至今海外约建有 40 多个中国园林。本篇，我们选取了其中的 5 个园林实例加以介绍。

4.1　德国慕尼黑市芳华园——定舫

芳华园位于慕尼黑的西公园内，是欧洲的第一座中国式的园林。公园占地面积 700 平方米，是一座小巧玲珑、具有典型中国风格的园林。芳华园于 1982 年 10 月建成，是为 1983 年在慕尼黑西公园举行的国际园艺展览会而建造的，由广州市园林局设计并承建。[1] 园内有钓鱼台、方亭、船厅等传统建筑及小品，配以中国园林中传统的花木，如松、竹、梅、玉兰、丹桂等，形成具有强烈中国特色的园林空间。

园中主体建筑——定舫，装饰非常精美。船尾饰有镀金双龙戏珠木雕，栩栩如生。定舫前后门框分别镶以流金溢彩的梅花喜鹊木雕和古色古香的松鹤木雕。舫内 8 块印花玻璃，映现着古代中国园林的秀姿和青铜器皿的图影。两盏宫灯高悬于舫首顶端。凭栏可极目远眺，临碧赏月。

本章五个园林资料均来自：刘少宗. 中国园林设计优秀作品集锦 [M]. 北京：中国建筑工业出版社，1999.

[1] 芳华园主要设计人：郑祖良、何光濂、吴泽椿、孟杏元、卢锦源、许锡勤、林棠。

　　参与 1983 年国际园艺展览会的中国园——芳华园继承了我国优秀传统山水园林的形式，构图布局既有江南园林的幽静曲折，又有岭南园林开朗明快之特点，园林总体构思以水体为中心，主要建筑依山而筑，环湖设有定舫、平桥、贴水平台、景门、三叠泉、牡丹台等，因借体宜，灵活巧妙地运用了中国园林"小中见大"、"山水相依"的传统造园手法。在有限空间里，创造了深远而丰富的空间效果，颇具中国园林之神韵。

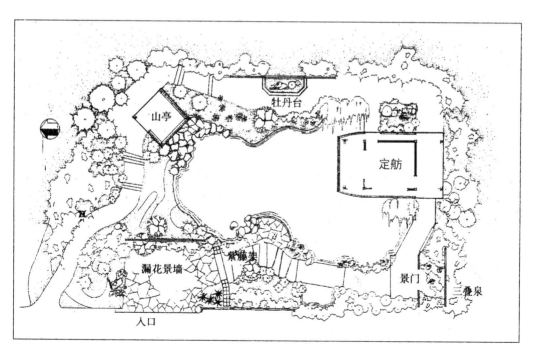

芳华园总平面图

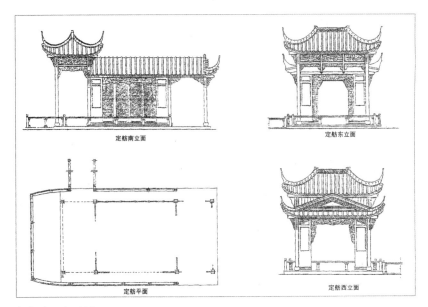

定舫南立面 定舫东立面

定舫平面 定舫西立面

定舫平、立面图

芳华园定舫

4.2　澳大利亚悉尼市谊园——瑞舫

谊园建于澳大利亚新南威尔士州悉尼市达令港，是广东省与新州两地友谊合作的项目，占地 10300 平方米，1986 年完成设计，1988 年澳洲 200 周年纪念日剪彩开放。[1]

谊园工程由广东省专家指导，澳方工匠负责施工，使用的是中、澳两地材料。该园建成后，受到了当地政府和人民高度评价与赞誉，是我国古典园林在海外的一件成功作品。

谊园设计运用中国传统园林的造园手法，突出岭南园林风格，以岭南园林朴素、淡雅、飘逸风格为主，在有限的空间里创造出无限的意境。园中山有脉象、水有源流，以水体为中心，巧妙配置建筑、山水与植物等组合成一个天然的艺术品。其建筑采用广东传统砖木结构。谊园按地形及功能分为 5 个区：① 门庭景区；② 竹石山房；③ 翠峦云阁；④ 双亭春满；⑤ 临流一舸。

---

[1] 谊园主要设计人：金人伯、许锡勤、陈守亚、肖慧贞、莫少敏、冯铭欣、林棠等。

　　瑞舫（船舫）、一瓯春（二层华侨楼）、曲桥以及荷花池组成南国水院。水上的瑞舫造型娇巧，室内装修华丽，木雕、花板、花罩、刻花玻璃窗设计图案取自岭南花果。一瓯春是二层华侨楼，首层有二厅，北厅临水，有美人靠栏杆，沿着附壁叠石蹬道可上到二层，四周通透，以景窗、栏杆代替外墙，园内园外风景尽收眼底，此处可供品茗，是华人聚集活动之地。

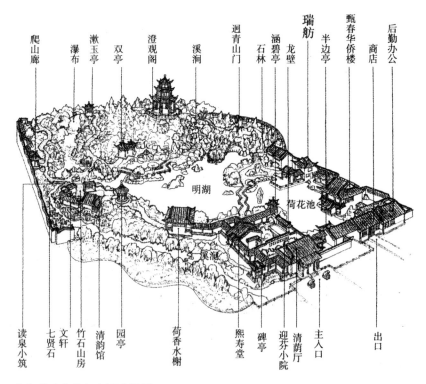

澳大利亚悉尼市谊园透视图

瑞舫倒影　王秉洛　摄

在瑞舫内望园景　王秉洛　摄

瑞舫与水面　王秉洛　摄

4.3　日本大阪市同乐园——不系舟

　　日本大阪市同乐园是应上海的友好城市日本大阪市的邀请，由上海市代表中国参加"大阪 1990 年花与绿世界博览会"而建造的中国园林。[1]

　　同乐园址，背山面水，地势优越。设计中巧于因借，一方面以围墙（中间缀以砖雕花窗）将庭园与外边小路隔开；另一方面则在南边，利用傍水的自然条件，设置不系舟、四面厅、曲廊，借助中央的大水池，形成了一个半开半合的大空间，并与整个大水池的景色浑然一体。正如《园冶》上所说的"俗则屏之"、"嘉则收之"。由于把视景空间扩展到了园外，组织借用了水池四周的风光，所以"同乐园"面积虽小，但并不感到局促闭塞。而且从大水池的对岸眺望中国庭院也别有景致：水中倒影依稀，上下相映成趣。

[1] 同乐园主要设计人：乐卫忠、周在春、朱祥明。

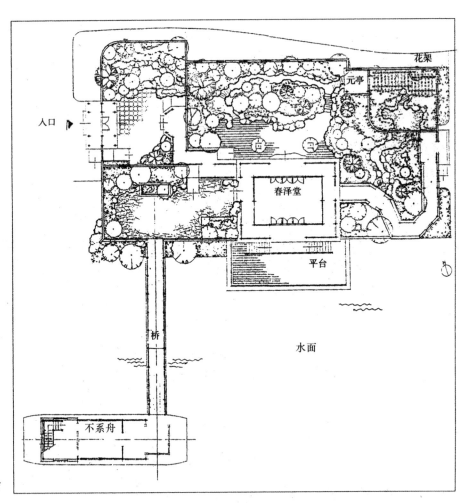

同乐园总平面图

　　庭院内通过亭、廊、云墙、假山石、树木等来组织空间，透过漏窗使各空间相互因借，相互渗透，隔而不分，丰富了庭院的内容与层次。建筑体量与装修以小巧玲珑取胜。庭园内的不系舟、垂花门、半亭、曲廊等均采用带有浓郁乡土气息的建筑形式，给人亲切质朴之感。

　　同乐园荣获 1990 年花与绿世界博览会 9 项金奖、一项大奖、一项国际友好奖和一项银奖，成为博览会后唯一永久保留的外国园林。

同乐园不系舟图 唐铭 绘

4.4　荷兰格罗宁根市谊园——玲珑舫

谊园是中国上海和荷兰格罗宁根市的一个合作项目[1]，用于展示中国园林艺术、传统文化，包括茶文化和龙文化等诸多方面。

谊园以"虽由人作，宛自天开"为原则，秉承中国清代江南山水园的风格，调动和运用传统园林的造园技法：小中见大、因地制宜，在方寸之间纳山水、花木及建筑之精华，挖湖掇山，形成开阔的湖泊和幽深的曲溪；空间相互因借，层次丰富，完美地呈现了中国江南水乡的景色。

谊园建筑采用江南园林的建筑形式，以轻快、秀美、精致的造型构成和谐的建筑总体。"谊园"中的龙吟楼是园中的主体建筑，为饮茶、聚会及娱乐之场所。

玲珑坊位于"谊园"的西北角。

---

[1] 谊园主要设计人：乐卫忠、还洪叶、张栋成、张永来、韩莱平

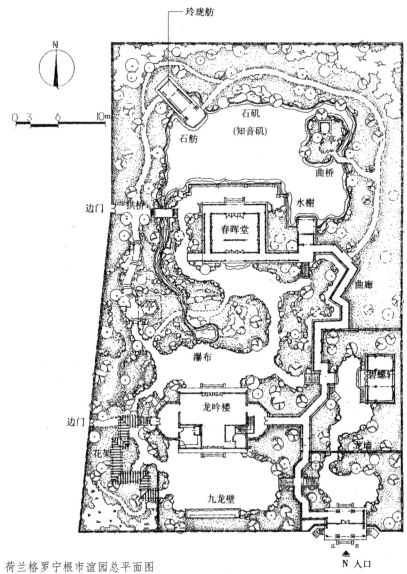

玲珑舫

石矶
(知音矶)

石舫

亭

曲桥

水榭

边门 拱桥

春晖堂

曲廊

瀑布

螺轩

边门

龙吟楼

院墙

花架

九龙壁

荷兰格罗宁根市谊园总平面图

N 入口

4.5 德国柏林市得月园——不系舟

得月园是北京市与柏林市的友好合作项目[1]，设计始于1994年，建筑基址位于柏林市东部的马尔灿公园内，占地30 000平方米。

得月园的设计以绿化和水面为主体，配以纯正的中国古典式风格的建筑，是一座典型的中国自然山水园。园内除了具有中国自然山水园的一般特色外，还有其特殊的文化内涵，即以象征美好团圆的月亮为主题。在得月园的设计中突出强调这个主题，为人们赏月和联想创造环境和意境，包括建筑的匾额对联，山石题刻等也紧扣"花好月圆"的内容。

全园建筑面积约600平方米，其中最大的茶室可供40~50位客人室内活动。而不系舟则是一个造型优美的水中建筑。由于全园建筑主要集中在北部，所以，南部的不系舟对全园的构图均衡起着重要的作用。

---

[1] 主要设计者：金柏苓、丘荣、端木歧。

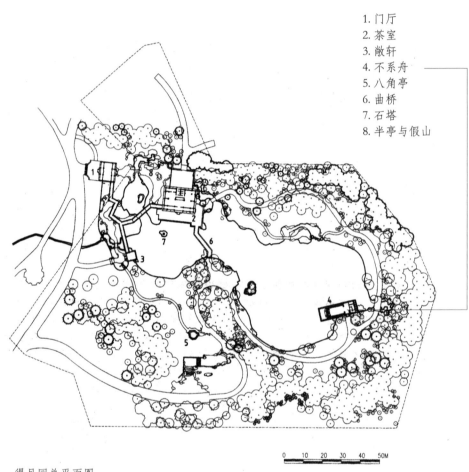

1. 门厅
2. 茶室
3. 敞轩
4. 不系舟
5. 八角亭
6. 曲桥
7. 石塔
8. 半亭与假山

0 10 20 30 40 50M

得月园总平面图

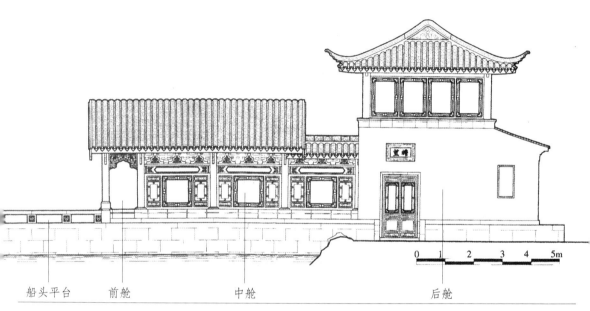

船头平台　　　　前舱　　　　　　　　中舱　　　　　　　　　　后舱

得月园不系舟立面图

参考文献

[1] 王冠倬. 中国古船图谱 [M]. 北京：生活·读书·新知三联书店，2000.

[2] 彭德清. 中国船谱 [M]. 香港：经导出版有限公司 北京：人民交通出版社，1988.

[3] 刘少宗. 中国园林设计优秀作品集锦 [M]. 北京：中国建筑工业出版社，1999.

[4] 刘敦桢. 苏州古典园林 [M]. 北京：中国建筑工业出版社 1979.

[5] 陈从周 . 苏州园林（汉英对照）[M]. 上海：上海人民出版社
2012.

[6] 陈从周 . 扬州园林（汉日对照）[M]. 路秉杰，（日）村上泰昭，
沈丽华，译 . 上海：同济大学出版社，2007.

[7] 陈从周 . 中国名园（汉英对照）[M]. 李梅，译 . 上海：同济
大学出版社，2010.

[8] 陆敬严 . 中国古代机械文明史 [M]. 上海：同济大学出版社
2012.

[9] 何建中 . 不系之舟——园林石舫漫谈 [J]. 古建园林技术，
2011（2）.

[10] 童寯《江南园林志 [M]. 北京：中国建筑工业出版社，1982.

[11] 杨鸿勋 . 江南园林论 [M]. 上海：上海人民出版社，1994，
136.

[12] 杨光辉 . 中国历代园林图文精选 [M]. 上海：同济大学出版
社 2005.

[13] （明）李昭祥 . 龙江船厂志 [M]. 南京：江苏古籍出版社，
1999.

[14] （明）戚继光 . 纪效新书 [M]. 北京：中华书局，1996.

[15] （明）郑若曾 . 筹海图编 [M]. 北京：中华书局，2007.

[16] （明）茅元仪 . 武备志 [M]. 台北：华世出版社影天启元年
（1621 年）刊本，1984.

[17] （明）王圻，王思义 . 三才图会 [M]. 上海：上海古籍出版社，
1988.

[18] （明）文震亨 . 长物志校注 [M]. 陈植，校注，杨超伯，校
订 . 南京：江苏科学技术出版社，1984.

[19] （宋）孟元老，等．东京梦华录（外四种）[M]．上海：古典文学出版社，1956.

[20] 瞿德龙．檀园　旧址新园 [M]．上海：同济大学出版社，2012.

[21] 刘育文，洪文庆．海外中国名画精选丛书　II 南宋·金 [M]．上海：上海文艺出版社，1999.

[22] 刘育文，洪文庆．海外中国名画精选丛书　III 元代 [M]．上海：上海文艺出版社，1999.

[23] 刘育文，洪文庆．海外中国名画精选丛书　IV 明代 [M]．上海：上海文艺出版社，1999.

[24] 刘育文，洪文庆．海外中国名画精选丛书　VI 清代 [M]．上海：上海文艺出版社，1999.

[25] 国立故宫博物院编辑委员会．海外遗珍　绘画二 [M]．台北：1990.

[26] 国立故宫博物院编辑委员会．海外遗珍　绘画三 [M]．台北：1990.

《说舫》一书是同济大学出版社"建筑八说"系列丛书中的一本，已出版了《说桥》、《说宅》和《说塔》三本，这4本书均为上海市科普基金资助项目。

作为科普图书，就是要让艰深的专业知识，通过浅显易懂的语言或图画等表现形式，传播或普及到大众即非专业人士。所以，我们两个人的组合应当是符合这一点的，即专业人士与园林、文学爱好者的共同参与。

本书在编写过程中，由同济大学路秉杰教授审读了全部书稿，并提供了一些珍贵的图片资料，天津大学建筑系刘庭风教授也提供了自己拍摄的十多张船舫的照片，余姗硕士、同济大学贝蕾研究生先后帮助搜集部分文字及图片资料，同济大学浙江学院建筑学专业的唐铭同学为本书绘制了40多幅船舫的图。书中还引用了许多专家学者的研究成果，在此一并表示感谢。

后 记

感谢上海市科普基金协会的大力支持，使得本书能够顺利出版。也感谢同济大学出版社封云研究员的悉心指导，她不仅策划了这个选题，而且还亲自担任本书的责任编辑，她和曾广钧老师还专程为本书拍摄了许多照片，如常州的近园、意园，上海嘉定的秋霞圃、南翔的古漪园和虹口区的和平公园等，非常感谢他们为本书所做的工作。

当然，我们在编写此书的过程中也学到了很多东西，受益匪浅。虽然，我们之前对船舫的知识了解不太多，但通过编写这本书，犹如带我们在中华民族几千年的历史长河中畅游了一番，一页页地翻看着那些早已尘封，或几近遗忘的船舫的过去，感到亲切而又有趣。所以，我们希望这本小书能给喜欢中国传统建筑与园林文化的人带来快乐。日后在观赏园林时，不仅能与园林中的"舫"亲密接触，而且，也会静下心来，回味欣赏她的"美"。

编 者

2014 年 12 月

内 容 提 要

这是一本图文并茂，趣味性强的科普图书。书中介绍了中国园林中一种特殊的水上建筑——不系舟的历史、类型以及建造实例，并分析了它的美学属性和艺术内涵，让读者在开阔视野、增长知识的同时，也潜移默化地接受中国优秀的园林文化和船舫文化的熏陶。

本书可作为中国古典建筑园林专业的参考书，也可供园林建筑爱好者和广大读者阅读欣赏。

图书在版编目 (CIP) 数据

说舫 / 陈月华，游嘉编著 . – 上海：同济大学
出版社，2015.4
　ISBN 978-7-5608-5790-9

　Ⅰ.①说…　Ⅱ.①陈…　②游…　Ⅲ.①古典园林—
园林建筑—介绍—中国　Ⅳ.TU986.4

中国版本图书馆 CIP 数据核字 (2015) 第 046312 号

本书由上海科普图书创作出版专项资助

说 舫

陈月华　游嘉　编著

出品人　支文军

责任编辑　封 云　　责任校对　张德胜　　封面设计　潘向蓁

出版发行　同济大学出版社　www.tongjipress.com.cn
　　　　　（地址：上海市四平路1239号　邮编: 200092　电话:021-65985622）
经　　销　全国各地新华书店
印　　刷　常熟市华顺印刷有限公司
开　　本　787mm×960mm　1/16
印　　张　14.5
印　　数　1—2 100
字　　数　300 000
版　　次　2015年4月第1版　　2015年4月第1次印刷
书　　号　ISBN 978-7-5608-5790-9
定　　价　58.00元